湖南省长沙市农民教育培训教材

长沙市常见蔬菜病虫害
识别与防治图册

长沙市农业广播电视学校
长沙市农业委员会蔬菜处　组织编写

谭济才　尹含清　邓　欣　主编

U0306359

中国农业科学技术出版社

图书在版编目（CIP）数据

长沙市常见蔬菜病虫害识别与防治图册 / 谭济才，尹含清，邓欣主编 . —北京：中国农业科学技术出版社，2017.7
ISBN 978-7-5116-3167-1

Ⅰ . ①长… Ⅱ . ①谭… ②尹… ③邓… Ⅲ . ①蔬菜—病虫害防治—图集 Ⅳ . ① S436.3-64

中国版本图书馆 CIP 数据核字（2017）第 160886 号

责任编辑 崔改泵
责任校对 李向荣

出 版 者 中国农业科学技术出版社
北京市中关村南大街 12 号 邮编：100081
电 话 （010）82109194（编辑室）（010）82109702（发行部）
（010）82109709（读者服务部）
传 真 （010）82106650
网 址 http://www.castp.cn
经 销 者 各地新华书店
印 刷 者 北京富泰印刷有限责任公司
开 本 710mm×1 000mm 1/16
印 张 12
字 数 150 千字
版 次 2017 年 7 月第 1 版 2017 年 7 月第 1 次印刷
定 价 62.00 元

编委会

前　言

　　蔬菜是我国的主要农产品之一，品种多、产量大、栽培面积广，是城乡居民日常生活的必需品。随着人民生活水平的提高和无公害农业生产的发展，人们对蔬菜的需求，无论品种、数量还是质量都有更高的要求。然而在蔬菜生产中，病虫害的发生和为害是客观存在的，不仅使蔬菜生产遭受到严重的损失，而且明显降低了蔬菜品质，成为蔬菜安全高效生产的重要制约因素。随着蔬菜栽培面积的不断扩大，栽培品种的不断丰富，病虫害种类也越来越多，为害越来越重，防治越来越困难，增加了广大菜农眼观病变的临床诊断难度，也加重了蔬菜品质下降和农药残留超标的危险。只有正确识别病虫害，才能了解病虫害的发生规律，才能掌握病虫害绿色防控的科学技术。为此，根据长沙市农业委员会的部署和安排，湖南省农业广播电视学校长沙市分校协同长沙市农业委员会蔬菜处，经过深入各个蔬菜基地调研，广泛征求菜农的意见和要求，并委托湖南省无公害农产品专家组负责人、湖南农业大学谭济才教授和邓欣教授组织相关专家编写了《长沙市常见蔬菜病虫害的识别与防治图册》，作为长沙市新型职业农民培训教材之一。

　　本书在参阅国内外有关文献资料的基础上，收集整理了作者和相关专家拍摄的 80 多种蔬菜病虫害的原色图片和发生与防治的资料，编写成蔬菜病害和蔬菜害虫两章。第一章蔬菜病害部分介绍了每一种病害的症状诊断、病原及发生特点、防治方法；第二章蔬菜害虫部分介绍了田间蔬菜被害症状识别、害虫形态特征、发生规律及防治方法。编写内容丰富，文字通俗易懂，图版清晰，技术实用，可操作性强。蔬菜病虫害种类繁多，因篇幅有限，有些种类未能编入。

在编写过程中，非常感谢湖南农业大学以谭济才教授为首的编写团队的辛勤付出，也要感谢长沙市农业委员会、湖南省农业广播电视学校长沙市分校及各界参与本书编撰工作的同志的通力协作。由于时间仓促，引用了部分网上资源，在此一并致谢。并衷心期待各位读者提出宝贵意见，以便我们不断提高服务质量和水平。

编委会

2017 年 4 月

目　录

第一章
蔬菜病害

一、蔬菜苗期病害

1. 苗期猝倒病

【**田间症状识别**】 猝倒病主要为害瓜类、茄科类蔬菜幼苗，也能为害其他蔬菜。发病初期，出土幼苗茎基部出现水烫状病斑，继而病斑逐渐加深为淡黄褐色，同时绕茎扩展，病部缢缩呈细线状，幼苗因失去支撑而折倒，刚折倒的病苗子叶短期内仍为绿色。发病严重时，种子未萌发或刚发芽时，即受病菌侵害，造成烂种、烂芽。湿度大时，成片幼苗猝倒，在病苗或病芽附近，常密生白色绵絮状菌丝。

幼苗茎基部缢缩腐烂、倒伏

【**病原及发病特点**】 病原为瓜果腐霉菌（*Pythium aphanidermatum*）真菌。此外，疫霉菌（*Phytophthora capsici*）等也可引起蔬菜幼苗猝倒病。病菌以菌丝体、卵孢子等随病残体在土壤中越冬，并可长期存活，是土传性病害。遇适宜条件，卵孢子萌发产生孢子囊，以游动孢子随水的移动、飞溅等进行传播蔓延。湿度大时，病苗上产生孢子囊和游动孢子，进行重复传染。低温高湿是猝倒病发生的必要条件，发病适宜的温度为10℃左右。所以猝倒病多发生

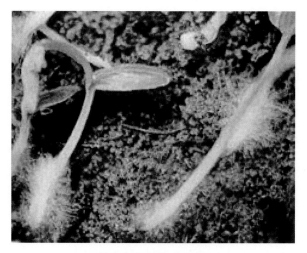

病苗白色绵絮状菌丝

幼苗成片猝倒

在早春育苗床上，尤其当幼苗期遇连阴天，光照不足，出现低温高湿环境，极易发生猝倒病。有的苗床开始发病时，是从棚顶滴水处的个别幼苗上先表现病症，几天后以此为中心，向周围蔓延扩展。

【防治方法】

（1）选地。露地育苗应选择地势较高、能排能灌、不黏重、无病地或轻病地作苗圃，不用旧苗床土。或采用保护地育苗盘播种或在电热温床上播种。

（2）适期播种。应尽量避开低温时期，最好能使幼苗出芽后1个月内避开梅雨季节。

（3）苗床消毒。床土消毒对预防猝倒病效果十分显著。每1m²苗床用25%甲霜灵可湿性粉剂9g加60%代森锰锌可湿性粉剂1g，或用40%五氯硝基苯可湿性粉剂9g，再加入过筛的细土4～5kg，充分拌匀。苗床浇水后，1/3量撒匀垫床，2/3量覆种，用药量必须严格控制，否则对籽苗的生长有较强抑制作用。或用50%的多菌灵粉剂每1m³床土用量40g，或65%代森锌粉剂60g，拌匀后用薄膜覆盖2～3天，揭去薄膜待药味完全挥发掉后再播种。

2．苗期立枯病

【田间症状识别】 立枯病菌寄主范围广，除茄科、瓜类蔬菜外，豆科、十字花科等蔬菜也能被害，已知有160多种植物可被侵染。刚出土的幼苗及大苗均能受害，一般多在育苗中后期发生。于茎基部产生椭圆形暗褐色病斑，并逐渐凹陷，扩展后绕茎一周，造成病部缢缩、干枯，病苗初是萎蔫，继而逐渐枯死。由于病苗"枯而不倒"，故称立枯。湿度大时，病部常长出稀疏的淡褐色蛛丝状霉。

幼苗根茎黑褐、缢缩

病苗枯而不倒

【病原与发病特点】　病原为立枯丝核菌（*Rhizoctonia solani* Kühn）真菌。病菌以菌丝体或菌核随病残体在土壤中越冬，腐生性较强，病残体分解后，病菌还可以在土中腐生存活 2 ~ 3 年。在适宜条件下，病菌菌丝可直接侵入幼苗，引起发病。病菌生长适温为 17 ~ 28℃，12℃以下或 30℃以上病菌生长受到抑制，故苗床温度较高，幼苗徒长时发病重。阴雨多湿、土壤过黏、重茬发病重。光照不足、播种过密、间苗不及时、温度过高易诱发本病。

【防治方法】

（1）苗床选择和土壤消毒可参考猝倒病。

（2）营养土育苗，加强苗床管理。苗床要尽量多的增加光照，并且注意苗床的通风、降湿，尤其在连续阴天，光照不足时，更要抓住时机通风降湿；苗床要早分苗，使苗健壮，提高抗病力。

（3）药剂防治。出苗后发现少数病苗时，应立即挖除，并选择下列杀菌剂喷淋防治：50% 甲基托布津 800 倍液、20% 甲基立枯磷乳油 800 倍液、70% 敌克松原粉 1 000 倍液、50% 福美双可湿性粉剂 500 倍液、64% 杀毒矾可湿性粉剂 500 倍液、50% 多菌灵悬浮剂 500 倍液、75% 百菌清可湿性粉剂 600 倍液。视病情发展情况，间隔 7 ~ 10 天再喷 1 次。

二、十字花科蔬菜病害

1．白菜软腐病

【田间症状识别】 白菜软腐病又称腐烂病，可为害白菜、甘蓝、花椰菜、萝卜、油菜等。最初发病于接触地面的叶柄和根茎部。叶柄发病部位呈水渍状，外叶失去水分而萎蔫，最后整个植株枯死。生长后期发病时，首先出现水渍状小斑点，叶片半透明，呈油纸状，最后整株软化、腐烂，散发出特殊的恶臭味。在运输途中也可发生腐烂软化现象。

【病原及发病特点】 病原为欧文氏杆菌属（*Erwinia carotovora*）细菌。 病菌主要以寄主植物根际土壤为中心形成菌落长期生存，降雨时从白菜下部叶片、叶柄部位的伤口侵入。病菌通常借地表

白菜初期被害状

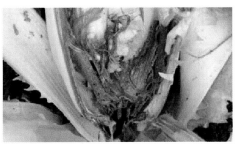

后期被害状

流水而传播。其发育适温为30～33℃，如遇寄主植物，即迅速繁殖。夏季高温期（8—9月）播种的栽培型白菜在秋季温暖年份发生较重，低洼地发病多，高地、干燥地发病少。大白菜包心期遇高温、多雨潮湿天气病害严重发生。植株徒长、氮肥过多、水淹状态及台风大雨造成伤害的植株易发病。虫害严重时，病菌从伤口处侵入，导致病害加重。

【防治方法】

（1）选用抗病品种。

（2）适时播种。该病的发生与播种期关系密切，可根据当地气候条件适当调整播种期。

（3）种子消毒。150g种子用100g菜丰宁拌种，或用代森锌或福美双拌种，其药量为种子量的0.4%。

（4）田间管理。精细整地、高垄种植；田间作业防止伤根、伤叶；包心后浇水要均匀，浇水前先清除病株带出田外，病穴撒上石灰或杀菌剂后再浇水。

（5）治虫防病，减少入侵伤口。

（6）药剂防治。应提前喷药预防，已发病的地块应间隔一周左右连续用药3～4次。喷药时，应注意喷在接近地表的叶柄及茎基部。对病株重喷，包括周围地表和芽心，发病较重的地块可采取药液浇根。应用的药剂可选用下列几种：72%农用链霉素或新植霉素3 000～4 000倍液、50%代森铵可湿性粉剂600～800倍液、70%敌克松可湿性粉剂800～1 000倍液、DT杀菌剂700倍液、60%百菌通可湿性粉剂500倍液等。

2. 白菜霜霉病

【田间症状识别】 白菜霜霉病是十字花科蔬菜的重要病害。幼苗受害时，子叶正面产生黄绿色斑点，叶背面有白色霜状霉层，遇高温呈近圆形枯斑，受害严重时，子叶和嫩茎变黄枯死。成株期发病，主要为害叶片，最初叶正面出现淡黄色或黄绿色周缘不明显的病斑，后扩大变为黄褐色病斑，病斑因受叶脉限制而呈多角形或不规则形，叶背密生白色霜状霉。病斑多时相互连接，使

叶片正面被害状

叶背面霜状霉层

霜霉病为害大白菜

大田油菜型白菜霜霉病

病叶局部或整叶枯死。病株往往由外向内层层干枯，严重时仅剩小小的心叶球。种株染病，自下向上发展。茎部染病，出现黑褐色、不规则状斑点，霉层较少。

【病原及发病特点】 病原为霜霉菌（*Peronospora parasitica*）真菌。以菌丝体在采种株内越冬，翌春病组织上产生孢子囊侵染幼苗或种株，引起发病。田间主要借助风雨传播，扩展蔓延很快。病菌喜温暖高湿环境，适宜发病温度为 7 ~ 28℃，最适温度为 20 ~ 24℃，相对湿度 90% 以上。多雨、多雾或田间积水发病较重，栽培上多年连作、播种期过早、氮肥偏多、种植过密、通风透光差，发病重。故秋季多雨，高湿，昼夜温差大，多雾重露，病害易于流行。

【防治方法】

（1）选用抗病品种。抗病毒病的大白菜品种一般也抗霜霉病，可因地制宜选用。

（2）药剂拌种。用种子重量 0.4% 的 50% 福美双可湿性粉剂或 75% 百菌清可湿性粉剂，或用 0.3% 种子重量的 35% 阿普隆（瑞毒霉）拌种剂拌种。

（3）合理轮作。与非十字花科作物隔年轮作，有条件的地方可与水田作物轮作。

（4）药剂防治。苗期即应开始田间病情调查，发现中心病株后，立即拔除并喷药防治，在莲座末期要彻底进行防治。药剂可选用 40% 乙膦铝可湿性粉剂 200 ～ 300 倍液，或用 25% 甲霜灵 800 倍液，或用 64% 杀毒矾或 50% 瑞毒霉锰锌 500 倍液，或用 70% 乙膦铝锰锌可湿性粉剂 500 倍液，或用 69% 安克锰锌 1 000 倍液等。每 7 天 1 次，连续防治 2 ～ 3 次。防治时注意药剂合理交替使用。

3．大白菜黑腐病

【田间症状识别】 大白菜黑腐病可为害甘蓝、花椰菜、大白菜、油菜等，贮藏期可继续为害，为大白菜生产中的主要病害之一。幼苗出土前受害不出苗，出土染病子叶呈水浸状，根髓部变黑，幼苗枯死。成株期发病，引起叶斑黑脉，叶斑多从叶缘向内发展，形成 "V" 字形的黄褐色枯斑，病斑周围淡黄色。有时沿叶脉扩展，形成大块黄褐色斑或网状黑脉。叶帮染病，中肋呈淡褐色，病部干腐，叶片向一边歪扭，半边叶片或植株发黄，部分外叶干枯、

田间发病状

脱落，严重时植株倒瘫。茎基腐烂，植株萎蔫，纵切可见髓部中空。

【病原及发病特点】 病原为黄单胞杆菌（*Xanthomonas campestris*）细菌，病菌随种子、种株或病残体在土壤中越冬。播种带病种子引起幼苗发病，病菌通过雨水、灌溉水、农事操作和昆虫进行传播，多从水孔或伤口侵入。生长温度最低5℃，最高39℃，最适温度为25～30℃。高温多雨，早播，与十字花科作物连作，管理粗放，虫害严重的地块，病害重。

【防治方法】

（1）无病株采种，播种时进行种子消毒，可用45%代森铵水剂400倍液浸种20min，洗净晾干后播种，或用50℃温水浸种20min，用冷水降温，或用种子重量0.3%的50%福美双可湿性粉

剂拌种。

（2）与非十字花科作物实行2～3年轮作。

（3）适时播种，苗期适时浇水，合理蹲苗，及时拔除田间病株并带出田外深埋，并对病穴撒石灰消毒。

（4）药剂防治。发病初期及时喷施72%农用链霉素可溶性粉剂4 000倍液，或选用100万单位新植霉素粉剂3 000～4 000倍液、50%琥胶肥酸铜（DT）可湿性粉剂500～700倍液、14%络氨铜水剂300～400倍液喷雾或灌根防治。

4．白菜病毒病

【田间症状识别】 白菜病毒病又叫孤丁病、抽疯病。大白菜、普通白菜、红菜薹等白菜类蔬菜各生育期均可发病。苗期发病心叶呈明脉或叶脉失绿，后产生浓淡不均的绿色斑驳或花叶。成株期发病早的，叶片严重皱缩，质硬而脆，植株明显矮化畸形，不结球或结球松散；感病晚的，只在植株一侧或半边呈现皱缩畸形，或显轻微皱缩和花叶，仍能结球，内层叶上生灰褐色小点。种株染病或种植带病母株，抽薹缓慢，且薹短缩或花梗扭曲畸形，植株矮小，新生叶出现明脉或花叶，病株根系不发达，严重影响生长发育。

【病原及发病特点】 病原为芜菁花叶病毒（TuMV）、黄瓜花叶病毒（CMV）、烟草花叶病毒（TMV）等。南方由于终年长有十字花科植物，无明显越冬现象，感病的十字花科蔬菜、野油菜等都是重要初侵染源。由蚜虫把毒源从越冬寄主上传到春季甘蓝、青菜或小白菜等十字花科蔬菜上。本病春秋两季蚜虫发生高峰期与白菜感病期吻合，在气温15～20℃，相对湿度75%以下

幼株发病症状

红菜薹发病症状

成株病毒症状

易发病。苗期，特别是 7 叶前是易感病期，侵染越早发病越重，7叶后受害明显减轻。此外，播种早，毒源或蚜虫多，再加上菜地管理粗放，地势低不通风或土壤干燥，缺水、缺肥时发病重。

【防治方法】

（1）选种抗病品种。

（2）调整蔬菜布局，合理间、套、轮作，发现病株及时拔除。

（3）适期早播，躲过高温及蚜虫猖獗季节。

（4）苗期防蚜至关重要，要尽一切可能把传毒蚜虫消灭在毒源植物上，尤其春季气温升高后对采种株及春播十字花科蔬菜的蚜虫更要早防。

（5）发病初期开始喷洒新型生物农药——抗毒丰（0.5％菇类蛋白多糖水剂，原名抗毒剂 1 号）300 倍液或病毒 1 号油乳剂 500倍液，或用 1.5％植病灵 Ⅱ号乳剂 1 000 倍液，或用 83 增抗剂 100倍液，隔 10 天 1 次，连续防治 2 ～ 3 次。

5．十字花科黑斑病

【田间症状识别】 又称黑霉病是一种常见的叶部病害。能为害白菜、萝卜、甘蓝、芥菜、花椰菜、油菜、芜菁等。叶片、叶柄、花梗、种荚等部位都能感病。叶片发病多从外叶开始，初期产生近圆形褪绿斑，后扩大变为灰褐色或褐色病斑，病斑上有同心轮纹，病斑周围有黄色晕圈。萝卜叶面初生黑褐色至黑色稍隆起小圆斑，后扩大到边缘呈苍白色，中心部淡褐至灰褐色病斑，直径 3 ～ 6mm，同心轮纹不明显。白菜病斑多时叶片变黄干枯。茎、叶柄及花梗上病斑呈褐色、条状、凹陷。潮湿条件下病部常产生黑色霉层。染病菜株叶味变苦，品质变劣。

病叶初期症状

病斑上有同心轮纹

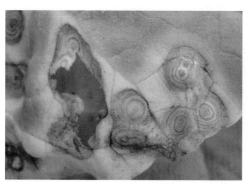

中后期病叶症状

【病原及发病特点】 病原为半知菌亚门真菌（*Alternaria brassicae*）。主要以菌丝体及分生孢子在病残体、土壤、采种株或种子表面越冬。翌年产生分生孢子借风雨传播侵染，发病后的病斑能产生大量分生孢子进行再侵染。该菌在 10 ～ 35℃条件下均能生长发育，但适温为 17℃左右，秋季侵染大白菜较严重。9—10 月遇连续阴雨天气或高湿低温 12 ～ 18℃时易发病。一般在白菜生长中后期或反季节栽培时遇连续阴雨天气，该病易发生和流行。近年有日趋严重之势，成为白菜生产中的重要病害。

【防治方法】

（1）因地制宜选用抗病品种。

（2）种子消毒。用 50℃温水浸种 15min，浸后立即移入冷水中降温。或用种子重量 0.2% 的 50% 多菌灵可湿性粉剂拌种。

（3）农业防治。深翻土地，施足基肥，增施磷钾肥。实行高垄栽培。白菜收获后清除田间病残体以减少菌源。

（4）药剂防治。发病初期喷施 50% 异菌脲可湿性粉剂 1 000 ～ 1 500 倍液，或用 47% 春雷霉素氧氯化铜 600 ～ 800 倍液，或用 3% 农抗 120 水剂 100 倍液，或用 1% 武夷霉素水剂 100 倍液，或用多氧霉素可湿性粉剂 1 000 倍液，或用 70% 代森锰锌可湿性粉剂 500 倍液。隔 6 ～ 8 天喷 1 次，共喷 2 ～ 3 次。

6. 白菜根肿病

【田间症状识别】 只为害白菜类根部，苗期即可受害，严重时小苗枯死。成株期，植株生长迟缓，矮小，基部叶片变黄呈失水状，外叶常在中午萎蔫，早晚恢复，后期外叶发黄枯萎，有时全株枯死。主、侧根和须根形成大小不等的肿瘤，主根肿瘤大如鸡蛋，数量

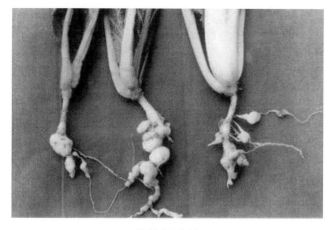

幼株根肿状

成株根肿状

少。侧根肿瘤很小，圆筒形或手指形。须根肿瘤极小，如同高粱粒，往往成串，多达20余个。肿瘤表面开始光滑，后变粗糙，进而龟裂。

【病原和发病特点】 病原为（*Plasmodiophora brassicae*）真菌，病菌在土壤中可以存活6～7年。在田间主要靠雨水、灌溉水、昆虫和农具传播，远距离传播则主要靠大白菜病根或带菌泥土的转运。一般种子不带菌。土壤偏酸性，气温18～25℃，土壤含水量70%～90%，是发病的最适条件。连作地、低洼地、"水改旱"菜地病情较重。

【防治方法】

（1）农业措施。重病地要和非十字花科蔬菜实行 6 年以上轮作，并要铲除杂草，尤其是要铲除十字花科杂草。收菜时彻底清除病根，集中销毁。发现少数病株，及时清除，携出田外烧毁或深埋，随之用 15% 石灰水浇灌病穴。在低洼地或排水不良的地块采用高畦或高垄的栽培形式。酸性土壤应适量施用石灰，将土壤酸碱度调节至微碱性。

（2）药剂防治。发病初期用恶毒灵水剂 500 倍液或 53% 金甲霜灵锰锌可湿性粉剂 500 倍液或 60% 百泰可分散粒剂 1000 倍液或 50% 多菌灵可湿性粉剂 500 倍液或 50% 托布津可湿性粉剂 500 倍液灌根，每株用药液 0.3 ~ 0.5kg。每隔 7 天 1 次，连续 3 ~ 4 次，收获前 10 天停止用药。

7. 萝卜褐腐病

【田间症状识别】 此病在萝卜全生育期都可发生。苗期染病多为害根茎部，形成立枯症状，病部呈浅褐色坏死干缩，终致菜苗萎蔫死亡。大苗或成株染病，多从基部叶片的叶柄开始侵染，逐渐向上发展，病部呈黄褐色至暗褐色腐烂坏死，病斑不规则，随病害扩展，病叶萎蔫死亡，最后致整株呈褐色干腐，湿度大时病部可产生少许蛛丝状菌丝，叶柄基部呈湿腐状。肉质根染病，先从根与地面接触部表现症状，病部颜色变淡，呈水浸状软腐，用手轻轻一拔，即可将萝卜从地表发病处拔断。纵切肉质根，可见心部软腐，最后溃烂一团，但外皮较正常。

【病原及发病规律】 病原为立枯丝核菌（*Rhizoctonia solani*

病害症状

Kuhn）真菌。病菌可在田间辗转为害、传播蔓延，无需越冬。在整个生育期均可从根部侵入引起发病。病菌喜高温、高湿条件，在温度 25 ～ 30℃、相对湿度 95% 以上，利于病害侵染发生。雨水过多、灌水过度，易于发病。伤口多，包括自然裂口、病痕、机械伤等，尤其昆虫为害导致伤口，又带菌传播，发病重。久旱遇雨后，增加生理伤口，更易发病。低洼积水不利伤口愈合，受害严重。播种早的易于受害。

【防治方法】

（1）农业措施。重病地和非寄主作物进行 3 年以上轮作。高垄栽培，密度不宜过大，避开低洼易涝地。施用粪肥充分腐熟。

合理用水，勿大水漫灌，雨后及时排水。发现病株及时拔除，随之用石灰消毒根穴。收获后彻底清除病残株，深翻灭菌。

（2）用种子量0.4%的可湿性粉剂50%扑海因或70%甲基托布津或50%利克菌拌种。

（3）发病初期药剂防治。用50%农利灵或50%扑海因或5%井冈霉素600～800倍液，重点防治根茎和基部叶柄，5～7天喷1次，连喷2～3次。

8. 萝卜黑腐病

【田间症状识别】 萝卜黑腐病俗称黑心、烂心，病害主要特征是引起维管束坏死变黑；幼苗被侵染，子叶呈水浸状，逐渐枯死或蔓延至真叶。成株发病多从叶缘或虫伤处开始，出现"V"形黄褐色病斑；胡萝卜茎叶变黑褐色枯萎。病菌能沿叶脉、叶柄发展，蔓延至茎部和根部，致使茎部、根部的维管束变黑，萝卜肉根被害，外部症状不明显，切开后可见黑心网状干腐，严重的内部组织干腐成为空心，并产生恶臭。胡萝卜被害肉根局部变黑凹陷。

萝卜叶"V"形黄褐色病斑

胡萝卜病叶

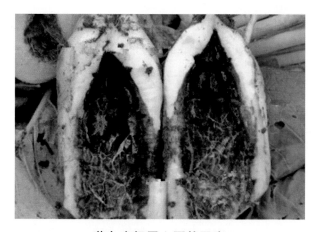

萝卜肉根黑心网状干腐

胡萝卜肉根变黑凹陷

【病原及发病特点】 病原为黄单胞杆菌属细菌（*Xanthomonas campestris* pv. *campestris* Dowson）。病菌在种子内和病残体上越冬，一般情况病菌在土壤中只能存活 1 年，病残体完全腐烂分解后病菌亦随之消亡。成株叶片受染，病菌多从叶缘水孔或害虫咬伤的伤口侵入，逐步造成系统性感染。染病的留种株上所采的种子带菌，带菌种子是远距离传播的主要来源。在田间，病菌主要借雨水、昆虫、肥料等传播。高湿多雨有利于发病，连作地块发病往往严重。

【防治方法】

（1）在无病地或无病株上采种。

（2）进行种子消毒，可在 50℃温水浸种 20min，然后立即移入冷水中冷却，晾干后播种。或用 50% 的福美双可湿性粉剂（按种子重量 0.4%）拌种，拌后即播。

（3）与非十字花科蔬菜进行 1～2 年轮作。

（4）及早防治害虫，避免虫咬伤口。

（5）发病初期喷洒 47% 的加瑞农可湿性粉剂 800～1 000 倍液，或用 72% 的农用硫酸链霉素可溶性粉剂 4 000 倍液。每隔 7～10 天喷 1 次，连喷 2～3 次。

三、茄果类病害

1.辣椒疮痂病

【田间症状识别】 辣椒疮痂病又名细菌性斑点病，主要为害叶片、茎蔓、果实。叶片染病后初期出现许多圆形或不规则状的黑绿色至黄褐色斑点，有时出现轮纹，叶背面稍隆起，水泡状，正面稍有内凹；茎蔓染病后病斑呈不规则条斑或斑块；果实染病后出现圆形或长圆形墨绿色病斑，直径 0.5cm 左右，边缘略隆起，

叶片病斑

茎秆病斑

全株症状

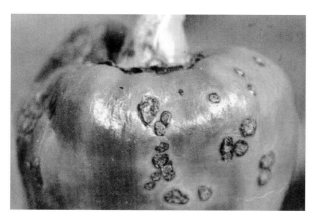

果实病斑

表面粗糙，引起烂果。

【病原及发病特点】 病原为辣椒斑点病菌（*Xanthomonas campestris pv. vesicatori*）细菌。病原细菌主要在种子表面越冬，也可随病残体在田间越冬。旺长期易发生，病菌从叶片气孔侵入，潜育期3～5天；在潮湿情况下，病斑上产生的灰白色菌脓借雨水飞溅及昆虫作近距离传播。发病适温27～30℃，高温高湿条件时病害发生严重，多发生于7—8月，尤其在暴风雨过后，容易形成发病高峰。高湿持续时间长，叶面结露对该病发生和流行至关重要。

【防治方法】

（1）合理轮作。露地辣椒可与葱蒜、水稻或大豆实行2～3年轮作；应选用排水良好的沙壤土，移栽前大田应浇足底水，施足底肥，并对地表喷施消毒药剂加新高脂膜对土壤进行消毒处理。

（2）种子消毒。播种前可用55℃温水浸种15min后移入冷水中冷却，后催芽播种。

（3）加强田间管理。加强苗期管理，适期定植，合理密植，缩短缓苗期。应及时深翻土壤，浇水、追肥，促进根系发育，提高植株抗病力。并注意氮、磷、钾肥的合理搭配。

（4）药剂防治。发病初期和降雨后及时喷洒农药，常用药剂有72%农用链霉素可溶性粉剂4 000倍液、新植霉素4 000～5 000倍液、2%多抗霉素800倍液、14%络氨铜水剂300倍液、77%可杀得（氧化亚铜）可湿性粉剂800倍液和40%细菌快克可湿性粉剂600倍液等，重点喷洒病株基部及地表，使药液流入菜心效果为好。每7天喷1次，连喷3～4次。

2. 辣椒细菌性叶斑病

【田间症状识别】 辣椒细菌性叶斑病在田间点片发生，主要为害叶片。成株叶片发病，初呈黄绿色不规则水浸状小斑点，扩大后变为红褐色或深褐色至铁锈色，病斑膜质，大小不等。干燥时，病斑多呈红褐色。该病扩展速度很快，一株上个别叶片或多数叶片发病，植株仍可生长，严重的叶片大部脱落。病健交界处明显，但不隆起，别于疮痂病。

【病原及发病特点】病原为假单胞杆菌细菌（*Pseudomonas syringae* pv. *aptata* Young）。病菌借风雨或灌溉水传播，从叶片伤口处侵入。与甜椒、辣椒、甜菜、白菜等十字花科蔬菜连作地发病重，雨后易见该病扩展。发育适温18～25℃，温湿度适合时，

叶片病状

病株大批出现并迅速蔓延，7—8月高温多雨季节蔓延快，9月后气温降低，扩展缓慢或停止。

【防治方法】

（1）与非甜椒、辣椒、白菜等十字花科蔬菜实行2～3年轮作。

（2）平整土地。采用高厢深沟栽植。雨后及时排水，防止积水，避免大水漫灌。

（3）种子消毒。播前用种子重量0.3%的50%琥胶肥酸铜可湿性粉剂或50%敌克松可湿性粉剂拌种。

（4）收获后及时清除病残体或及时深翻。

（5）发病初期开始喷洒14%络氨铜水剂350倍液或77%可杀得可湿性微粒粉剂700～800倍液或72%农用硫酸链霉素可溶性粉剂或硫酸链霉素4000倍液，隔7～10天1次，连续防治2～3次。

3．辣椒疫病

【田间症状识别】 辣椒疫病主要为害叶片、果实和茎，特别是茎基部最易发生。幼苗期发病，多从茎基部开始染病，病部出现水渍状软腐，病斑暗绿色，病部以上倒伏。成株染病，叶片上出现暗绿色圆形病斑，边缘不明显，潮湿时，其上可出现白色霉状物，病斑扩展迅速，叶片大部软腐，易脱落，干后成淡褐色。茎部染病，出现暗褐色条状病斑，边缘不明显，条斑以上枝叶枯萎，病斑呈褐色软腐，潮湿时病斑上出现白色霉层。果实染病，病斑呈水渍状暗绿色软腐，边缘不明显，潮湿时，病部扩展迅速，可全果软腐，果上密生白色霉状物，干燥后变淡褐色、枯干。

【病原及发病特点】 病原为辣椒疫霉（*Phytophthora capsici*

苗期病状

茎秆病斑

叶片病斑

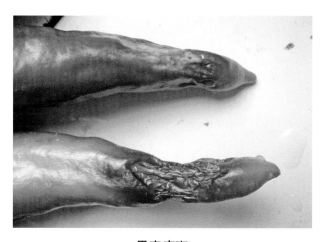

果实病斑

全株症状

Leonian）真菌。除辣椒外还能寄生番茄、茄子和一些瓜类作物。病菌以卵孢子在土壤中或病残体中越冬，卵孢子可存活 3 年以上，借风、雨、灌水及其他农事活动传播。发病后可产生新的孢子进行再侵染。病菌发育温度范围为 10 ～ 37℃，最适宜温度为 20 ～ 30℃，空气相对湿度达 90% 以上时发病迅速。重茬、低洼地、排水不良，氮肥使用偏多、密度过大、植株衰弱均有利于该病的发生和蔓延。

【防治方法】

（1）实行轮作、深翻改土，土壤喷施"免深耕"调理剂，增施有机肥料、磷钾肥和微肥，适量施用氮肥，改善土壤结构，促进根系发达，植株健壮。

（2）选用抗病品种；种子严格消毒，培育无菌壮苗。

（3）大棚栽植前实行火烧土壤、高温焖室，铲除室内残留病菌，栽植以后，严格实行封闭型管理，防止外来病菌侵入和互相传播。

（4）注意观察，发现少量发病叶果，立即摘除，发现茎秆发病，立即用 200 倍 70% 代森锰锌药液涂抹病斑，铲除病原。

（5）药剂防治。可使用 77% 可杀得可湿性粉剂 400 ～ 800 倍液，58% 甲霜灵锰锌 600 倍液，64% 杀毒矾 500 倍液和 25% 甲霜灵 700 倍液。也可用 72.2% 普力克水剂 600 ～ 700 倍液。尤其在 5—6 月雨后天晴时注意及时喷药。此外，还可进行药液灌根，可用 50% 甲霜铜可湿性粉剂 600 倍液或 30% 甲霜噁霉灵 600 倍液或 25% 甲霜灵可湿性粉剂 700 倍液或 72% 克抗灵可湿性粉剂 600 倍液对病穴和周围植株灌根，每株药液量 250g，灌 1 ～ 2 次，间隔期 5 ～ 7 天。

4．辣椒灰霉病

【**田间症状识别**】 灰霉病可为害辣椒叶、茎、花、果实。苗期发病子叶先端变黄，后扩展到幼茎，缢缩变细，常自病部折倒而死。成株期受害叶片多从叶尖开始，初成淡黄褐色斑，逐渐向上扩展成"V"形病斑。茎部发病产生水渍状病斑，病部以上枯死。花器受害，花瓣萎蔫。果实被害，多从幼果与花瓣粘连处开始，呈水渍状病斑，扩展后引起全果暗绿色软腐，病健交界不明显，病部有灰褐色霉层。

叶片病斑

茎秆病状

花器发病

果实发病

【病原及发病特点】 病原为灰葡萄孢（*Botrytis cinerea* Pers.）真菌。病菌以菌核遗留在土壤中，或以菌丝、分生孢子在病残体上越冬，在田间借助气流、雨水及农事操作传播蔓延。病菌喜低温、高湿、弱光条件。棚室内春季连续阴天，气温低，湿度大时易发病。光照充足对该病蔓延有抑制作用。病菌发育适温为 20～23℃，大棚栽培在 12 月至翌年 5 月为害，冬春低温，多阴雨天气，棚内相对湿度 90% 以上，灰霉病发生早且病情严重，排水不良、偏施氮肥田块易发病。

【防治方法】

（1）控制温、湿度。适当控制浇水，加强大棚通风，上午通风使地表水蒸发和棚顶露水雾化；下午适当延长放风时间，以排出湿气；夜间加强保温，防止结露过重。

（2）及时清除病残体。发现病果、病叶、病株要及时清除，带出田外深埋或烧掉。

（3）药剂防治。发病初期可采用喷粉防治。棚内湿度大时，每亩（1 亩 ≈ 667m² 。全书同）可用 5% 百菌清粉尘剂 1 000g，傍晚关闭棚时喷撒。湿度低时，可用 50% 速克宁可湿性粉剂 1 500 ~ 2 000 倍液或 50% 腐霉利 1 500 倍液喷洒，交替使用，每隔 7 ~ 10 天 1 次，连用 2 ~ 3 次。

5．茄绵疫病

【田间症状识别】 茄绵疫病又称烂茄子，主要为害果实，茎和叶片也被害。幼苗期发病，茎基部呈水浸状，常引发猝倒，致使幼苗枯死。成株期叶片感病，产生水浸状不规则形病斑，具有明显的轮纹，褐色或紫褐色，潮湿时病斑上长出少量白霉。茎部受害呈水浸状缢缩，有时折断，并长有白霉。花器受侵染后，呈褐色腐烂。果实受害最重，开始出现水浸状圆形斑点，边线不明显，稍凹陷，黄褐色至黑褐色，扩大后可蔓延至整个果面。病部果肉呈黑褐色腐烂状，在高湿条件下病部表面长有白色絮状菌丝，病果易脱落或干缩成僵果。

【病原及发病特点】 病原为茄绵疫霉（*Phytophthora aparasitica*）真菌。以卵孢子在土壤中病株残留组织上越冬。卵孢子经雨水溅到植株体上后直接侵入表皮。借雨水或灌溉水传播，使病害扩大

叶片病斑

茎秆病斑

果实腐烂长霉

蔓延。茄子盛果期 7—8 月间，降雨早、次数多、雨量大、且连续阴雨，则发病早而重。发育最适温度 30℃左右，空气相对湿度 90% 以上。重茬地、地下水位高、排水不良、密植、通风不良，或保护地撤天幕后遇下雨，或天幕滴水，造成地面积水、潮湿，均易诱发本病。

【防治方法】

（1）选用抗病品种，采用穴盘育苗。

（2）种子消毒。播种前用 50 ~ 55℃的温水浸种 7 ~ 8min 后播种，可大大减轻绵疫病的发生。

（3）实行轮作。合理安排地块，一般实行 3 年以上的轮作倒茬。

（4）精心选地。选择高燥地块，深翻土地，高畦栽培，覆盖地膜。

（5）药剂防治。田间发病较普遍时，可用下列杀菌剂或配方进行防治：58% 甲霜灵锰锌 600 倍液，64% 杀毒矾 500 倍液，25% 甲霜灵 700 倍液，58% 雷多米尔 600 倍液，72% 霜脲·锰锌可湿性粉剂 600 ~ 800 倍液；交替使用，每 10 天 1 次，连续 2 ~ 3 次。喷药要均匀周到，重点保护茄子果实及枝干。

6．茄褐纹病

【田间症状识别】 茄褐纹病又名褐腐病、干腐病。茄子从苗期到成株期均可发病，以果实受害最重。果实受害，开始产生浅褐色近圆形凹陷病斑，后变黑褐色，逐渐扩大，严重时可遍及全果，造成果实腐烂。病斑上有同心轮纹，潮湿时，病果迅速腐烂，常落地软腐或在枝上干缩成僵果。苗期发病，茎基部出现褐色梭形病斑，凹陷，上散生黑色点粒，严重时幼苗猝倒死亡。叶片发病，先在下部叶片上产生圆形或不规则形水浸状小斑点，后病斑逐渐

茄果病斑

叶片病斑

茎秆症状

扩大，边缘深褐色，中部灰白色，上面轮生许多黑色小点粒。

【病原及发病特点】 病原为茄褐纹病菌（*Phomopsis vexans*）真菌。病菌以菌丝体、分生孢子器随病残体在土表越冬，也可以菌丝体潜伏在种子内越冬，一般可存活2年。条件适宜时产生分生孢子，借风雨、人们农事活动传播。适宜发病温度为28～30℃，相对湿度80%以上时易发病。夏季高温多雨、排水不良、连作、地势低洼、氮肥使用过多均利于发病。

【防治方法】

（1）加强栽培管理。实行轮作、深翻改土，结合深翻，增施

有机肥料、磷钾肥和微肥,适量施用氮肥,促进根系发达、植株健壮。覆盖地膜,防止病菌传播。

(2)选用抗病品种。种子严格消毒,播种前用55～60℃温水浸种15min,捞出后放入冷水中冷却后再浸种6h,而后催芽播种。也可用种子重量0.1%的50%苯菌灵可湿性粉剂拌种。

(3)药剂防治。进入结果期开始喷洒可湿性粉剂70%代森锰锌500倍液或75%百菌清600倍液或50%苯菌灵800倍液,每7～10天喷1次,连喷2～3次。

7.番茄早疫病

【田间症状识别】 又名轮纹病,可为害番茄、茄子、辣椒、马铃薯等。番茄苗期、成株期都可发病,以叶片和茎叶分枝处最易发病。叶片初期出现水渍状暗褐色病斑,扩大后近圆形,有同心轮纹,边缘多具浅绿色或黄色晕环,轮纹表面生毛刺状物,潮湿时病斑长出黑霉。发病多从植株下部叶片开始,逐渐向上发展。严重时,多个病斑可联合成不规则形大斑,造成叶片早枯。茎部

叶部病斑

茎部病斑

果实病斑

田间症状

发病，多在分枝处产生褐色至深褐色不规则圆形或椭圆形病斑，凹或不凹，表面生灰黑色霉状物。幼苗期茎基部发病，严重时病斑绕茎一周，引起腐烂。青果发病多在花萼处或脐部形成黑褐色近圆凹陷病斑，后期从果蒂裂缝处或果柄处发病，在果蒂附近形成圆形或椭圆形暗褐色病斑，凹陷，有同心轮纹，生黑色霉层，病果易开裂，提早变红。

【病原与发病特点】 病原属半知菌真菌（*Alternaria solani Jones et grout*）。以菌丝体和分生孢子随病残组织在土壤中越冬，也可残留在种皮上，随种子一起越冬。通常条件下可存活 1 ～ 1.5 年，温度 20 ～ 25℃、湿度 80% 以上，最易发病。初夏季节，如果多雨、多雾，病害极易流行，一般在 5 月中下旬为盛发期。当植株进入 1 ～ 3 穗果膨大期时，在下部和中下部较老的叶片上开始发病，向上扩展，并发展迅速。连作，栽种密度过大，基肥不足，灌水多或低洼积水，土质黏重，管理粗放的地块发病重。

【防治方法】

（1）农业防治。选用抗病品种。重病区与其他非茄科作物进行 2 ～ 3 年以上的轮作。及时摘除病、老、黄叶，摘除病果，拔除重病株带出棚室外深埋或烧毁。高畦覆地膜栽培。合理密植，施足粪肥，增施磷钾肥，避免偏施氮肥。禁止大水漫灌，尽量采用膜下暗灌、滴灌或渗灌。

（2）药剂防治。幼苗定植时先用 1∶1∶300 倍的波尔多液对幼苗进行喷布后，再进行定植。定植后每隔 7 ～ 10 天，再喷 1 ～ 2 次，同时对其他真菌病害也有兼防作用。轻微发病时，使用霜贝尔 300 ～ 500 倍液喷施，5 ～ 7 天用药 1 次；病情严重时，按 300 倍液稀释喷施，3 天用药 1 次，喷药次数视病情而定。

8．番茄晚疫病

【田间症状识别】 主要为害保护地番茄，露地也可发生。番茄幼苗、叶片、茎和果实均可发病，以叶片和处于绿熟期的果实受害最重。幼苗期叶片出现暗绿色水浸状病斑，叶柄处腐烂，病部呈黑褐色。空气湿度大时，病斑边缘产生稀疏的白色霉层，病斑扩大后，叶片逐渐枯死。幼茎基部呈水浸状缢缩，导致幼苗萎蔫或倒伏。成株期多从下部叶片开始发病，叶片表面出现水浸状淡绿色病斑，逐渐变为褐色，空气湿度大时，叶背病斑边缘产生稀疏的白色霉层。茎和叶柄的病斑呈水浸状，褐色，凹陷，最后变为黑褐色，逐渐腐烂，引起植株萎蔫。果实上的病斑有时有不规则形云纹，最初为暗绿色油渍状，后变为暗褐色至棕褐色，边缘明显，微凹陷。果实质地坚硬，不变软，一般不腐烂，在潮湿条件下，病斑长有少量白霉。

【病原及发病特点】 病原为疫霉菌（*Phytophthora infestans* Mont.）

叶片症状

幼苗症状

全株病状

果实症状

真菌。病菌主要以菌丝体在温室番茄植株上越冬，或以厚垣孢子在病残体上越冬。病菌借风雨传播，由植株气孔或表皮直接侵入，病情发展十分迅速。孢子囊形成的最适温度为 18 ~ 22℃，菌丝生长最适温度为 20 ~ 23℃，最适相对湿度 95% 以上。低温高湿，特别是温度波动较大，有利于病害流行。降雨的早晚和雨日的多少，以及雨量大小和持续时间，均直接影响到病害发生的程度。另外，氮肥过多，栽植密度过大，保护地放风不及时等因素均可诱发病害。

【防治方法】

（1）加强管理。与非茄科蔬菜实行 3 ~ 4 年轮作。选择地势高燥、排灌方便的地块种植，合理密植。合理施用氮肥，增施钾肥。切忌大水漫灌，雨后及时排水。加强通风透光，保护地栽培时要及时放风，避免植株叶面结露或出现水膜，以减轻发病程度。

（2）选用抗病品种。

（3）药剂防治。田间出现发病中心时，及时施药防治。可喷洒甲霜灵＋百菌清或烯酰吗啉 800 ~ 1 000 倍液，二者交替使用，4 ~ 5 天 1 次，连喷 3 ~ 4 次。也可用 40% 乙膦铝可湿性粉剂 200 倍液或 40% 甲霜铜可湿性粉剂 800 倍液或 64% 杀毒矾可湿性粉剂 500 倍液或 58% 瑞毒霉·锰锌可湿性粉剂 500 倍液等，每隔 5 ~ 7 天喷 1 次，连喷 3 次。保护地栽培时还可以使用 45% 百菌清烟雾剂，每亩 250g，傍晚封闭棚室，分放于 5 ~ 7 个燃放点，点燃后烟熏过夜。

9. 番茄青枯病

【田间症状识别】 可为害番茄、茄子、辣椒、马铃薯、生姜等多种作物，尤其以番茄受害重。苗期为害症状不明显，植株开花以后，病株开始表现出为害症状。被害叶片色泽变淡，呈萎蔫状，先从上部叶片开始，随后是下部叶片，最后是中部叶片。发病初始叶片中午萎蔫，傍晚、早上恢复正常，反复多次，萎蔫加剧，最后枯死，但植株仍为青色。病茎中下部皮层粗糙，常长出不定根和不定芽，病茎维管束变黑褐色，但病株根部正常。横切病茎后在清水中浸泡或用手挤压切口，有乳白色黏液溢出（病菌菌脓）。

病株茎基部症状

发病初期症状

发病后期症状

【病原及发病特点】 病原为青枯假单胞细菌（*Pseudomanas solanacearum* Smith）。病菌主要随病残体在田间或马铃薯块上越冬，无寄主时，病菌可在土中营腐生生活长达 14 个月，成为该病主要初侵染源。主要通过雨水、灌溉水及农具传播。病菌从根部或茎基部伤口侵入，在植株体内的维管束组织中扩展，造成导管堵塞及细胞中毒。病菌喜高温、高湿、偏酸性环境，发病最适气候条件为温度 30 ~ 37℃，最适 pH 值为 6.6。土壤含水量超过 25% 时，植株生长不良，久雨或大雨后转晴发病重。在湖南主要发病盛期为 6—10 月。番茄的感病生育期是结果中后期。常年连作、排水不畅、通风不良、土壤偏酸、钙磷缺乏、管理粗放、田间湿度大的田块发病较重。年度间梅雨多雨、夏秋高温多雨的年份发病重。

【防治方法】

（1）农业防治。选育抗病品种。与非茄科作物葱、蒜、瓜类、十字花科蔬菜或水稻等实行 4 ~ 5 年以上轮作。选择排水良好的无病地块育苗和定植。地势低洼或地下水位高的地区采用高畦种植，雨后及时排水。若田间发现病株，应立即拔除烧毁，清洁田园，并在拔除部位撒施生石灰粉或草木灰或在病穴灌注 2% 福尔马林液或 20% 石灰水。

（2）药剂防治。用青枯立克 50ml 对水 15kg，进行灌根，7 ~ 10 天灌 1 次，连灌 2 ~ 3 次预防发病和发病中前期防治。也可在发病初期用 50% 敌枯双可湿性粉剂 800 ~ 1 000 倍液或 4% 嘧啶核苷类抗菌素 600 倍液或 72% 农用硫酸链霉素可溶性粉剂 4 000 倍液或 30% 噁霉灵 600 倍液或新植霉素 4 000 倍液灌根，每株灌 0.3 ~ 0.5L，8 ~ 10 天灌 1 次，连灌 2 ~ 3 次。

10．番茄叶霉病

【田间症状识别】 番茄叶霉病主要为害叶片，严重时也为害茎、花和果实。叶片发病，初期正面出现黄绿色、边缘不明显的斑点，叶背面出现灰白色霉层，后霉层变为淡褐至深褐色；湿度大时，叶片表面病斑也可长出霉层。病害常由下部叶片先发病，逐渐向上蔓延，发病严重时霉层布满叶背，叶片卷曲，整株叶片呈黄褐色干枯。嫩茎和果柄上也可产生相似的病斑，果实发病，果蒂附近或果面上形成黑色圆形或不规则斑块，硬化凹陷，不能食用。

叶片正面病斑

叶片背面症状

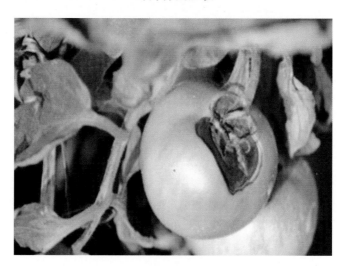

果实病斑

【病原与发病特点】病原为褐孢霉真菌（*Fulvia fulva* Cooke）。病菌以菌丝体或菌丝块在病残体内越冬，也可以分生孢子附着在种子表面或菌丝潜伏于种皮越冬。翌年条件适宜时，从病残体上越冬的菌丝体产生分生孢子，或播种带菌的种子引起初侵染，并可发生多次再侵染。病菌喜高温、高湿环境，发病最适气候条件为温度 20 ~ 25℃，相对湿度 95% 以上。在湖南主要发病盛期为春季 3—7 月和秋季 9—11 月。番茄的感病生育期是开花结果期。

多年连作、排水不畅、通风不良、田间过于郁闭、空气湿度大的田块发病较重。年度间早春低温多雨、连续阴雨或梅雨多雨的年份发病重。秋季晚秋温度偏高、多雨的年份发病重。

【防治方法】

（1）农业防治。与非茄科作物进行 3 年以上轮作。选用抗病品种，种子消毒，严把育苗关。在晴天中午时间，采取 2h 左右的 30 ～ 33℃高温闷棚处理，然后及时通风降温。适当控制浇水，浇水后及时通风降湿。及时整枝打杈、摘除植株下部的叶片，可增加通风。实施配方施肥，避免氮肥过多，适当增加磷、钾肥。

（2）药剂防治。可用 30ml 霉止对水 15kg 喷雾进行预防，使其发病率降低。发病期用 58% 甲霜灵可湿性粉剂 1 000 倍液或 47% 加瑞农可湿性粉剂 800 ～ 1 000 倍液或 70% 甲基托布津可湿性粉剂 800 倍液或 50% 嘧菌环胺 1 200 倍液或 40% 福星 4 000 ～ 6 000 倍液喷雾；隔 7 ～ 10 天 1 次，连续防治 2 ～ 3 次，注意交替用药。

11. 番茄灰霉病

【田间症状识别】 灰霉病以大棚栽培发生最重。主要为害果实、叶片和茎等部位。果实受害一般先从残留的花瓣、花托等处开始，出现湿润状，灰褐色不定形的病斑，逐渐发展成湿腐，从萼片部向四周发展，可使 1/3 以上的果实腐烂，病部长出一层鼠灰色茸毛状的霉层。一般幼果发病较多，且常见整穗果实都发病受害。叶片染病多从叶尖或叶缘开始，发生不定形的湿润状、灰褐色病斑，可造成叶片湿腐凋萎。茎部染病发生长椭圆形或不定形的长条状、灰褐色病斑，严重的可引致病斑以上的茎、叶枯死。发病严重时造成茎叶枯死和大量的烂花、烂果，直接影响产量。

叶片病斑症状

幼果病斑症状

病果

病果后期症状

【**病原及发病特点**】 病原为灰葡萄孢菌（*Botrytis cinerea* Pers.）真菌。病菌以菌核在土壤中或以菌丝体及分生孢子在病残体上越冬，条件适宜时，萌发菌丝，产生分生孢子，借气流、雨水和人们生产活动进行传播。其发病适温 20 ~ 25℃，相对湿度达 90% 时开始发病，高湿维持时间长，发病重。低温、连续阴雨天气多的年份为害严重。

【**防治方法**】

（1）搞好棚室内通风、透光、降湿，但同时还要保持温度不要太低。

（2）加强肥水管理，使植株长势壮旺，防止早衰及各种因素引起的伤口。

（3）发现病株、病果应及时清除销毁；收获后彻底清园，翻晒土壤，可减少病菌来源。

（4）田间发现病株、病果应随即摘除外，还要喷药防治，可选用 50% 嘧菌环胺 1 000 倍液或特立克 600 ~ 800 倍液或万霉灵 800 倍液或 50% 速克灵可湿性粉剂 1 500 ~ 2 000 倍液或 40% 多

硫悬浮剂 400 倍液或 50% 扑海因可湿性粉剂 1 000 ~ 1 500 倍液或 70% 甲基托布津 800 ~ 1 000 倍液等，隔 7 ~ 10 天喷 1 次，连续喷 3 ~ 4 次。要注意药剂轮换使用。

12. 番茄黄化曲叶病毒病

【田间症状识别】 染病番茄植株矮化，生长缓慢或停滞，顶部叶片常稍褪绿发黄、变小，叶片边缘上卷，叶片增厚，叶质变硬，叶背面叶脉常显紫色。幼株染病植株严重矮缩，无法正常开花结果；成株染病植株仅上部叶和新芽表现症状，结果数减少，果实变小，成熟期果实着色不均匀（红不透），基本失去商品价值。

【病原与发病特点】 病原为中国番茄黄化曲叶病毒，因该病毒在自然条件下只能由烟粉虱以持久方式传播，在番茄、南瓜、烟草等重要作物上造成毁灭性为害。田间操作如定植、整枝、打杈、绑蔓等通过磨擦将病株毒源传给健株。一般低温时，病毒病不表现症状或症状很轻，随气温升高，一般在 20℃左右即表现花叶和

叶片黄化、花叶

全株蕨叶

植株矮小、顶端黄化

蕨叶症状。

【防治方法】

（1）培育无病无虫苗是关键。从育苗期做到早防早控，力争少发病或不发病。苗床土壤要进行消毒处理，周围杂草要清除干净，以减少病毒源。

（2）重防烟粉虱。烟粉虱在田间有迁飞性，应加强整枝打杈和化学防治，减少相邻田块之间的烟粉虱迁飞。

（3）农业措施。适当控制氮肥用量和保持田间湿润。施肥灌

水做到少量多次，及时放风，避免棚内高温。增施有机肥，促进植株生长健壮。注意田间管理防止接触传染，在绑蔓、整枝、打杈、沾花和摘果等操作时，应先处理健株，后处理病株。发现病株及时清除，减少病毒源。发病严重地块要与茄科以外的其他作物实行3年以上的轮作。

（4）化学防治。如感染了病毒，立即用黄化曲叶病毒灵B2 000～3 000倍液灌根，3～4天喷1次。或用4%宁南霉素、4%嘧肽霉素等农药500倍液叶面喷雾，防止病害进一步传播蔓延。

13．茄科蔬菜白绢病

【田间症状识别】 白绢病是番茄、茄子、辣椒等茄科蔬菜的重要病害，还可为害豆科、瓜类等多种蔬菜。此病主要为害茎基部和根部，染病植株先在茎基部出现暗褐色、湿润状、不定形的病斑，稍凹陷，潮湿时病部长出白色绢丝状的菌丝层，呈辐射状扩展，可环绕整个茎基部，致使叶片由下至上逐渐变黄，严重时引致全株萎蔫枯死。其后病部的菌丝层可集结成许多黄褐色的菌

症状

长有褐色菌核

丝团，最后形成茶褐色、似油菜籽粒状的菌核。根部染病，皮层变褐腐烂，病部表面及根围附近土隙中都可长出白色菌丝体及褐色菌核。果实染病变褐腐烂，表面亦长出绢状白色菌丝及褐色菌核。

【病原及发病特点】 病原是半知菌真菌（*Sclerotium rolfsii* Sacc.*），以菌丝体和菌核在病残体或土壤中越冬，为下一季的初侵染菌源。田间通过灌溉水、雨水溅散或农具耕作传播。条件适宜时，菌核萌发进行侵染，病菌侵入后可分泌一些分解酶使寄主植物细胞破坏，组织溃烂软腐。侵染发病后，新生的菌丝可蔓延到邻近的植株进行再侵染。高温高湿有利于发病，6—8月是发生盛期。茄科连作或与瓜、豆类轮作发病较重。偏酸性的土壤亦有利于发病。

【防治方法】

（1）与十字花科作物及水稻、葱蒜类等轮作，可以减少土壤菌源。

（2）收获后彻底清园，深耕晒土，结合整地施优质腐熟的有机底肥；如土壤酸度较高，可每亩施 50 ～ 75kg 石灰降低土壤酸度，对病害有较好的抑制作用；田间若发现病株应立即拔除销毁，病穴撒少量石灰，可减少再侵染的发生。

（3）药剂防治。田间刚发现病株可选用下列药剂喷茎基部及其周围土面，50%代森铵800～1 000倍液或36%甲基硫菌灵悬浮剂500倍液，或撒施五氯硝基苯药土（每亩用70%五氯硝基苯1～1.5kg与适量湿润细土充分拌匀，撒施于植株茎基部及其周围土面），约10天施用1次，连续2～3次。

四、瓜类病害

1. 瓜类枯萎病

【田间症状识别】　瓜类枯萎病又称萎蔫病、蔓割病，是瓜类重要病害之一，以黄瓜、西瓜发病最重，冬瓜、甜瓜次之。幼苗发病呈失水萎垂状，茎基变褐缢缩而猝倒。植株开花结果后，症状才陆续出现，发病初期病株叶片自下而上逐渐发黄、萎蔫、似缺水状，晚间萎蔫尚能恢复，数日后整株叶片枯萎死亡。有时同一病株上还会出现半边发病，半边不发病的现象。病株的茎基部

病苗失水萎垂

茎节褐色条斑

病茎维管束褐色

大田植株萎蔫状

稍有缢缩，茎节部出现褐色条斑，常流出胶质物，茎基部表皮多纵裂。潮湿时病部表生白色或粉红色霉层。纵切病茎检视，维管束呈褐色。

【病原及发病特点】 病原为镰刀菌真菌（*Fusarium oxyspotra*）。病菌主要以菌丝、厚垣孢子和菌核在土壤和带菌肥料中越冬，存活期长达 6 年，是最初侵染源。病菌通过根部或根毛顶端细胞间侵入，进入维管束后，因堵塞导管而使植株萎蔫，并分泌毒素使植株中毒死亡。成株期气候温暖多雨，或浇水频繁、水量过多，或雨后排水不良，都利于病菌的繁殖和侵入，潜育期缩短，病害易蔓延及流行。枯萎病是土传的系统性病害，重茬连作、耕作粗放、整地不平、平畦密植、偏施氮肥、施肥不足、土壤偏酸、土壤线虫和地下害虫防治不力等，都能加重病害的发生。

【防治方法】

（1）种子处理。播前用 55℃温水浸泡种子 10 ～ 15min，或 50% 多菌灵可湿性粉剂 500 倍液浸种 1h，洗净再进行催芽播种。

（2）实行轮作。一般至少应 3 年轮作 1 次。每年都要集中销毁病蔓、枯叶，并实行深翻改土。苗床及温室应每年换用新土。

（3）栽培管理。改沟底种植为沟帮种植或高垄种植，实行渗灌，保证沟水畅通。防止粪肥及水源带菌，以免扩大传播。

（4）药剂防治。可用 20% 甲基立枯灵 1 000 倍液或 50% 多菌灵 2 000 ～ 2 500 倍液对病株实行灌根，每株灌 150 ～ 200ml，重病区可根据病情在 10 ～ 20 天后再灌 1 次。

2．瓜类叶枯病

【田间症状识别】 瓜类叶枯病又称褐斑病、褐点病，可侵染西瓜、甜瓜、南瓜、黄瓜、冬瓜、苦瓜、丝瓜等多种瓜类。多发生在瓜类生长的中后期，主要为害叶片，也侵害叶柄、瓜蔓及果实。一般多从基部叶片首先发病，初期呈黄褐色小点，后逐渐扩大，边缘隆起呈水渍状，病健部界限明显，在高温高湿条件下叶面病斑较大，轮纹也较明显，几个病斑汇合成大斑，致使叶片干枯。瓜蔓受害，蔓上产生褐色纺锤形小斑，其后病斑逐渐扩大并凹陷，呈灰褐色。果实受害，初见水渍状小斑，后变褐色，略凹陷，湿度较大时在病斑上出现黑色轮纹状霉层。随着病情不断发展，部分病斑呈疮痂状，严重时瓜龟裂而腐烂。

叶片病斑

叶片后期大斑

病蔓和病叶

【病原及发病特点】 病原为半知菌真菌（*Alternaria cucumerina*）。以菌丝体及分生孢子在种子、病残体及其他寄主上越冬。翌年春天条件适宜时，形成大量的分生孢子侵染寄主，成为初侵染源。分生孢子借气流、风雨传播，进行再侵染，致使田间病害不断蔓延。种子带菌是病害远距离传播的主要途径。高温、高湿有利于病害侵染，以28～32℃最适宜。病害多发生在坐瓜后及果实膨大期，如遇到阴雨天，相对湿度达90%以上，温度高达32～36℃时，则会导致病害大流行，使瓜叶大量枯死，严重影响产量。一般重茬地、土壤黏重、低洼积水、管理粗放、通风透光性差的瓜地发病重。

【防治方法】

（1）农业防治。避免与葫芦科作物连作，与禾本科作物实行2年以上轮作。收获后及时翻晒土地，清洁田园。用55～60℃温水浸种15min，或用80%"402"抗菌剂2 000倍液浸种2h。加强栽培管理，重施基肥，合理施用氮、磷、钾复合肥，培育壮苗，增强植株抗病性。坐瓜期需水量大，可采用小水勤灌，严禁大水漫灌。

（2）药剂防治。预防可用 60% 吡唑代森联 1 200 倍液或 70% 代森联 700 倍液或 20% 噻菌铜 500 倍液或 72% 百菌清 1 000 倍液叶面喷雾。发病初期可选用 10% 苯醚甲环唑水分散粒剂 1 500 倍液或 80% 炭疽福美可湿性粉剂 800 倍液或 20% 噻菌铜 500 倍液或 25% 嘧菌酯（阿米西达）1 500 倍液防治，隔 7 ~ 10 天喷 1 次，连续喷 2 ~ 3 次。

3. 瓜类霜霉病

【田间症状识别】 霜霉病是瓜类蔬菜最常见的病害之一。主要为害叶片，幼苗和成株均可发病。子叶发病，叶面出现褪绿黄化，形成不规则的枯黄病斑。真叶发病先从下部叶片开始，沿叶片边缘出现许多水渍状小斑点，并很快发展成黄绿色至黄色的大病斑，受叶脉限制，病斑呈多角形。在潮湿条件下叶背面病斑上形成紫黑色霉层。发病严重时叶缘向上卷曲，呈黄褐色干枯。温湿度适宜时，发病速度很快，来势猛，很容易造成整个棚室的瓜类蔬菜叶片枯黄。

初期病斑

后期病斑

叶背面病斑的紫黑色霉层

大田症状

【病原及发病特点】 病原为假霜霉菌真菌（*Pseudoperonospora cubensis*）。在南方四季种植瓜类地区，霜霉病可终年发生为害。病菌可以在温室、大棚和露地瓜类蔬菜上交替寄生为害，病源常年不断。病菌通过气流和雨水传播，气温16～20℃，叶面结露或有水膜是霜霉病侵染的必要条件。气温20～26℃，空气相对湿度85%以上，是霜霉病菌生长的最适条件。因此，气温忽高忽低，昼夜温差大，加上多雾、有露、阴雨及田间湿度大时易引发病害流行。

【防治方法】

（1）选用抗病品种。

（2）加强田间管理。定植时选用无病壮苗，高垄地膜栽培。灌溉采取滴灌或膜下暗灌，生育前期切忌大水漫灌，要小水勤灌，灌水要在晴天上午进行，灌后及时排湿，要避免阴雨天灌水。结合灌水要适时追施肥料，促进生长。

（3）高温闷棚杀菌。一般在中午密闭温室、大棚2h左右，使植株上部温度达到44～46℃，可杀死棚内的霜霉菌，每隔7天进行1次。

（4）药剂防治。发病初期可用64%杀毒矾可湿性粉剂500倍液或72.2%普力克水剂800倍液或58%甲霜灵锰锌可湿性粉剂500倍液或72%杜邦克露600倍液等药剂，交替喷雾防治，视病情每7～10天1次，连续2～3次。

4. 瓜类白粉病

【田间症状识别】 世界性病害，我国南方以黄瓜和苦瓜发生较重，春秋两季为害较大。主要为害叶片，叶正反面病斑圆形，较小，

上生白粉状霉即病菌菌丝体、分生孢子梗和分生孢子。逐渐扩大汇合，严重时整个叶片布满白粉，变黄褐色干枯，白粉状霉转变为灰白色。有些地区发病晚期在霉层上或霉层间产生黑色小粒即病菌闭囊壳。

病叶上的白粉状病斑

叶背面的白粉状菌丝

大田症状

【病原及发病特点】 病原为半知菌粉孢属真菌（*Oidium sp.*），专性寄生，为害葫芦科植物。南方温暖地区常年种植黄瓜或其他瓜类作物，白粉病终年不断发生，病菌不存在越冬问题。分生孢子主要通过气流传播，在适宜环境条件下，潜育期很短，再侵染频繁。气温上升至14℃时开始发病，相对湿度45%～75%有利发病，超过95%明显受抑制。连续阴天和闷热天气病害发展很快。通常雨量偏少的年份发病较重。通风及排水不良地块、氮肥施用过多或缺肥、缺水、生长不良等均使病情加重。

【防治方法】

（1）选用抗病品种，引进具有较强抗病性品种，与本地主栽品种轮换种植。

（2）清理干净棚内或田间的前茬植株和各种杂草后再定植。

（3）培育壮苗，适时移栽，合理密植，保证适宜株、行距。

（4）发现病蔓、病果要尽早在晨露未消时轻轻摘下，将其装袋烧掉或深埋。

（5）药剂防治。以预防为主，在温室中一旦发生就很难根除。发病前或发病初期，可选用2%抗霉菌素水剂200倍液、15%三唑酮可湿性粉剂1 000倍液、40%氟硅唑乳油8 000倍液、50%硫磺悬浮剂250倍液等药剂防治，确保喷雾均匀，每7天施药1次。发病严重时可将以上农药缩短用药间隔期，改为3～5天用药1次。喷药次数视发病情况而定。

5．瓜类病毒病

【田间症状识别】 瓜类病毒病包括黄瓜花叶病毒病、甜瓜花叶病毒病等。主要为害西葫芦、甜瓜、南瓜、丝瓜、黄瓜等。植

株受害后，全株矮缩，叶面及果实上形成浓绿色与淡绿色相间的斑驳，瓜小或呈螺旋状扭曲，瓜面斑驳或凹凸不平，或疣状突起，风味差，味苦。叶片皱缩变小，变色，有花叶、斑驳、黄化，畸形（皱缩、疱斑、蕨叶、卷叶）及叶质硬脆。新生蔓细长，扭曲，节间短，花器发育不良，坐果困难。

【**病原及发病特点**】 病原有黄瓜花叶病毒（CMV）、甜瓜花叶病毒（MMV）和烟草环斑病毒（TRSV）等。这些病毒，除甜瓜、

南瓜病株花叶

西瓜病株皱缩

西葫芦种子可以带毒外，一般种子不带毒，主要由蚜虫传染，整枝、理蔓也会传染。高温、日照强、干旱均有利于病害的发生。因缺肥而生长衰弱的植株容易染病。田间蚜虫盛发，发病率也增加。杂草多，距离十字花科、茄科及菠菜等菜地近的田块发病重。

【防治方法】

（1）种子消毒。种子可用10%磷酸三钠浸种20min，水洗催芽播种或用55℃热水浸种，并立即转入冷水中冷却催芽播种。

（2）加强栽培管理。培育壮苗，提早育苗、种植和收获，以避开蚜虫及高温发病盛期；铲除田边杂草减少侵染来源，合理施肥和用水，做好田间清洁工作。

（3）蚜虫防治。用40%乐果乳剂800～1000倍液，或用50%灭蚜乳油1000～1500倍液，或用4.5%高效氯氰菊酯乳油2000～4000倍液，或用25%唑蚜威（灭蚜灵）乳油1000倍液，或用20%溴灭菊酯乳油4000倍液等及时喷药消灭蚜虫。

（4）病害防治。苗期、发病初期喷洒20%病毒A可湿性粉剂500倍液，或用1.5%植病灵乳油1000倍液，连续喷2～3次。

6．瓜类炭疽病

【田间症状识别】 瓜类炭疽病是瓜类作物上的重要病害，主要为害黄瓜、甜瓜和西瓜，也为害冬瓜、瓠瓜、苦瓜等。南瓜、丝瓜比较抗病。在幼苗和成株期都能发生，叶片、茎蔓和果实均可被侵染，症状常因寄主的不同而略有差异。幼苗发病，出现圆形或半圆形、稍凹陷的褐色病斑。成株发病，叶片上初为水渍状圆形小斑点，扩大后呈黄褐色至红褐色近圆形病斑，叶片焦枯致死。茎蔓和叶柄上的病斑棱形或长圆形，灰白色至黄褐色，凹陷或纵裂，

有时表面生有粉红色小点，叶片萎垂，茎蔓枯死。幼瓜受害后全部变黑，收缩腐烂。瓜条受害，初为淡绿色水渍状斑点，扩大后呈暗褐色至黑褐色，稍凹陷，后期病部表面生有小黑点或粉红色黏稠物，瓜条变形。

甜瓜病苗	黄瓜病叶

瓜蔓病斑	冬瓜病斑	苦瓜病斑

【病原及发病特点】 病原为葫芦科刺盘孢真菌（*Colletotrichum lagenarium*）。病菌主要以菌丝体及拟菌核随植株病残体在土壤里越冬，亦可以菌丝体潜伏于种皮内越冬。带菌种子可作远距离传播。翌春环境条件适宜，菌丝体和拟菌核发育，形成初侵染来源。寄主染病后，遇适宜温、湿度条件，在病部产生分生孢子，借风雨、昆虫携带进行传播，形成多次再侵染。病害在气温 22 ～ 24℃，

相对湿度 95% 以上时发病最重。连作地块、黏重偏酸土壤、排水不良、偏施氮肥、塑料大棚和温室光照不足、通风排湿条件差，均可诱发此病严重发生。一般植株在生长中后期为害较重。

【防治方法】

（1）种子处理。从无病株上选留健康种瓜采种。播种前用 55℃ 温水浸种 15min，或用福尔马林 100 倍液浸种 30min，取出立即置冷水中降温后催芽。

（2）选用抗（耐）病品种。

（3）苗床和棚室消毒。苗床消毒可用 1∶1 的 40% 五氯硝基苯加 50% 多菌灵混合，按 8g/m² 拌细土作垫土和盖种；温室和大棚进行消毒，按 2.5g/m² 用硫磺粉加锯末点燃，密闭熏蒸一夜，消灭残留病菌。

（4）加强栽培管理。选择通透性良好的沙壤地和有排水、灌溉条件的田块种植；与非瓜类作物实行 3 年以上轮作；高畦覆膜栽培，施足基肥，增施磷钾肥和有机肥，及时清除病株残体，减少病源。

（5）药剂防治。发病初期摘除病叶、老叶，每 7 天左右喷 1 次药，多种农药交替使用，连喷 3 ~ 4 次。药剂可选用：50% 多菌灵可湿性粉剂 500 倍液，70% 甲基托布津可湿性粉剂 800 倍液，50% 炭疽福美可湿性粉剂 400 倍液，70% 代森锰锌可湿性粉剂 600 倍液，65% 代森锌可湿性粉剂 500 倍液和 75% 百菌清可湿性粉剂 500 倍液等。

7. 瓜类细菌性角斑病

【田间症状识别】 常为害黄瓜、西瓜、南瓜、豆角等，主要

为害叶片和瓜条。初期症状易与霜霉病和生理性充水相混淆，应慎重区别。角斑病与霜霉病的主要不同处是其病斑较小，叶片受害，初为水渍状浅绿色后变淡褐色，因受叶脉限制呈多角形，后期病斑呈灰白色，易穿孔，湿度大时，病斑上产生白色黏液。茎及瓜条上的病斑初呈水渍状，近圆形，后呈淡灰色，病斑中部常产生裂纹，潮湿时产生菌脓。果实后期腐烂，有臭味。

黄瓜病叶

甜瓜病叶

秋黄瓜田间症状

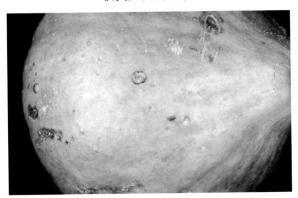

南瓜病斑

【病原及发病特点】 病原为丁香假单胞杆细菌（*Pseudomonas syringae* pv. *lachrymans*）。病菌在种子上或随病株残体在土壤中越冬。翌春由雨水或灌溉水溅到茎、叶上发病，菌脓通过雨水、昆虫、农事操作等途径传播。发病适宜温度为 18 ~ 25℃，相对湿度 75% 以上。一般低温、高湿、重茬的温室、大棚发病重。在降雨多、湿度大、地势低洼、通风不良、管理不当、连作，磷、钾肥不足时发病严重。

【防治方法】

（1）种子处理。在无病区或无病植株上留种，防止种子带菌。

（2）催芽前应进行种子消毒。用 50℃温水浸 20min，或用新植霉素 200mg/kg 液或 50% 代森铵 500 倍液浸种 1h，或用福尔马林液 150 倍液浸种 1.5h，后洗净催芽。

（3）栽培管理。与非瓜类作物实行 2 年以上的轮作。利用无菌的大田土育苗。高垄栽培，铺设地膜，减少浇水次数，降低田间湿度。保护地及时通风。雨季及时排水。及时清洁田园，减少田间病原。

（4）药剂防治。发病初期用 86.2% 氧化亚铜（铜大师）1 000 倍液，或用 72% 农用链霉素可湿性粉剂 4 000 倍，或用 20% 氟硅唑咪鲜胺 800 倍液，或用 47% 春雷氧化铜可湿性粉剂 800 ~ 1 000 倍液，或用 56% 嘧菌百菌清 1 200 倍液，14% 络氨铜水剂 300 倍液，每 5 ~ 7 天喷 1 次，连喷 3 ~ 4 次，药剂轮换使用。

8. 黄瓜疫病

【田间症状识别】 黄瓜疫病俗称"死藤""烂蔓"，苗期、成株期均可发病。苗期发病，多从嫩茎生长点上发生，初期呈现水渍状萎蔫，最后干枯呈秃尖状。叶片上产生圆形或不规则形、暗绿色的水渍状病斑，边缘不明显，扩展很快，湿度大时腐烂，干燥时呈青白色，易破碎。成株期发病，主要在茎基部或嫩茎节部发病，先呈水渍状暗绿色，病部软化缢缩，其上部叶片逐渐萎蔫下垂，以后全株枯死。瓜条发病时，形成暗绿色圆形凹陷的水浸状病斑，很快扩展到全果，病果皱缩软腐，表面长出灰白色稀疏的霉状物。地上部症状和枯萎病相似。

【病原及发病特点】 病原为疫霉真菌（*Phytophthora melonis* Katsura）。病菌随病残体在土壤、粪肥或附着在种子上越冬，主要靠雨水、灌溉水、气流传播。在发病适温 28 ~ 30℃，湿度大

嫩茎病状

茎基部症状

病果症状

大田症状

条件下病害易发生、传播快。因此夏季温度高、雨量大、雨日多的年份疫病容易流行。地势低洼、排水不良、连作等发病重。

【防治方法】

（1）选用耐病品种，播种前对种子消毒。

（2）与非瓜类作物实行3年以上轮作。

（3）加强田间管理。及时拔除病株烧毁，消灭初侵染源。合理施肥，改善透光强度，推广高畦种植，及时开沟排水，降低田间湿度。在花蕾期、幼果期和膨果期喷施壮瓜蒂灵，促进果实发育。覆盖地膜，减少土传病害侵染。适时早播，尽量使易感病的苗期错过降雨高峰期。

（4）药剂防治。在发病前或雨季到来之前，喷1次保护性杀菌剂，如96%天达恶霉灵粉剂3 000倍液、75%猛杀生干悬浮剂600倍液、大生M-45 600倍液等；雨后发现中心病株要及时拔除，立即喷洒或浇灌58%甲霜灵锰锌可湿性粉剂500倍液，或用64%恶霜锰锌可湿性粉剂500倍液，或用72%霜脲锰锌可湿性粉剂600倍液，或用72%克露可湿性粉剂800倍液，或用25%嘧菌酯胶悬剂1 500倍液等，隔7～10天用药1次，病情严重时可以5

天用药 1 次，连续防治 3 ~ 4 次。

9. 瓜类蔓枯病

【田间症状识别】瓜类蔓枯病俗称"黑腐病""茎部流胶病"等，是瓜类作物的常发病，黄瓜、甜瓜、西瓜、丝瓜、苦瓜等普遍发生。主要为害瓜蔓，也可为害叶、果。最初先在根茎部产生褪绿小点，后呈油渍状不规则灰白色大型病斑，稍凹陷，表皮龟裂，常分泌土黄色胶状物，胶状物干枯后呈红褐色。后期病部变黑，其上密生黑色小颗粒。严重时病斑可围绕根茎部，瓜蔓上产生很长的银白色条纹。叶部多自叶柄处或叶缘产生大型病斑，病斑深褐色或浅褐色，近圆形或不规则形，常因瓜的种类和品种而异。果实上初生油渍状灰褐色病斑，后变暗色，严重时扩展至全果，但果肉仍坚硬，除非有软腐细菌侵入，才会变软腐烂。

【病原及发病特点】 病原为子囊菌真菌（*Mycosphaerella citrullina*）。病菌主要以分生孢子器和菌丝在病残组织中越冬，种子也能带菌。病菌通过气孔、水孔和伤口侵入。种子带菌可直接感染子叶。土

叶片病斑

瓜蔓病斑

根茎部病状

苦瓜病斑

壤水分多，茎部经常接触水，田间相对湿度大，都容易引起发病。高温、高湿、低洼地、重茬地、缺肥、长势衰弱的情况下发病重。

【防治方法】

（1）与非瓜类作物轮作。

（2）应从无病株采种，并用55℃温水浸种对种子进行消毒洗净后播种。

（3）及时清除病株，深埋或烧毁。

（4）施足腐熟的有机肥，增施磷钾肥，保护地注意通风降湿增强植株抗性。

（5）发病初期喷洒70%甲基托布津可湿性粉剂800～1 200倍液，或用40%杜邦"福星"乳油8 000倍液，或用75%百菌清可湿性粉剂600倍液。重点喷根茎部。

10．蔬菜根结线虫病

【田间症状识别】 主要为害瓜类、豆类、番茄、芹菜等。病症发生在根部，须根或侧根染病后产生瘤状大小不等的根结，表面粗糙，浅黄色或深褐色。根结病部组织里有很多细小的乳白色线虫。地上部表现症状因发病的轻重程度不同而异，轻病株症状不明显，重病株生育不良，叶片中午萎蔫或逐渐黄枯，植株矮小，影响结实，发病严重时，全株枯死。

【病原及发病特点】 病原为植物寄生根结线虫（*Meloidogyne* sp.）。常以卵或2龄幼虫随病残体遗留在土壤中越冬，病土、病苗及灌溉水是主要传播途径。翌春条件适宜时，由埋藏在寄主根内的雌虫，产出单细胞的卵，卵在根结里孵化发育为幼虫，幼虫在土壤中移动寻找植物根尖，由根冠侵入定居在生长锥内，其分

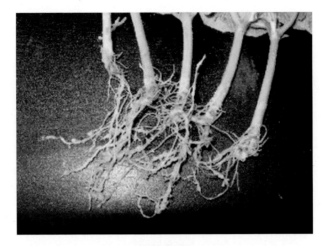

发病初期

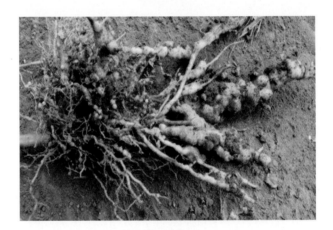

发病后期

植株枯萎

泌物刺激导管细胞膨胀，使根形成巨型细胞或虫瘿。在温室或塑料棚中单一种植几年后，根结线虫可逐步成为优势种。线虫生存最适温度 25 ～ 30℃，高于 40℃，低于 5℃ 都很少活动。适宜土壤 pH 值 4 ～ 8，适宜土壤含水量为 40%。雨季有利于孵化和侵染，但土壤干燥或过湿，其活动受到抑制。沙土常较黏土发病重。

【防治方法】

（1）收获后清除病残株及四周杂草，集中烧毁或沤肥；深翻地灭茬，强烈阳光还可晒死部分线虫，减少虫源。

（2）作物轮作，水旱轮作最好。

（3）高畦栽培，排灌方便。

（4）施用酵素菌沤制的堆肥或腐熟的有机肥，适当增施磷钾肥。

（5）药剂拌种或移栽前穴施药剂。用 16% 虫线清乳油加水喷施于穴内，或用 10% 克线丹颗粒剂 1 份 + 干细土 100 份穴施，或用 3% 米乐尔颗粒剂 1 份 + 干细土 100 份穴施。病害蔓延地区或重茬地，可用百菌清或托布津或恶霉灵或多菌灵 1 份 + 克线丹或米乐尔颗粒剂 1 份 + 干细土 100 份充分混匀穴施。

五、豆类病害

1．豆类锈病

【田间症状识别】　豆类锈病可为害各种豆类蔬菜，田间症状很相似。在叶片正、背面初生淡黄色小斑点，稍有隆起，渐扩大，叶片背面出现黄褐色的夏孢子堆，正面对应部位形成褪绿斑点。表皮破裂后，散出锈褐色粉末。发病重的叶子，布满锈疱状病斑，使全叶遍布锈粉。后期，夏孢子堆转为黑色的冬孢子堆，中央纵

病叶

病茎

裂，露出黑色的粉状物，即冬孢子。茎部受害产生的孢子堆较大，呈纺锤形。发病重时，易使茎、叶早枯。

【病原及发病特点】 病原为单孢锈菌（*Uromyces vignae* Barclay）真菌。以冬孢子随同病残体遗留在地里越冬，在温暖地区夏孢子也能越冬。豆类在生长期间，主要以夏孢子通过气流传播进行多次再侵染。夏孢子在 10 ~ 30℃范围内萌发，侵入最适温度 15 ~ 24℃。寄主植物表面具备水滴是锈病菌夏孢子萌发和侵入的必要条件。早晚重露、多雾易诱发本病。此外，地势低洼、排水不良、种植过密、通风不良、偏施氮肥，发病较重。品种间抗病性有显著差异。迟播较早播的发病重。南方地区春季重于秋季，4—6月较重。

【防治方法】

（1）认真处理病残株。拔除前为防止孢子扩散，可在病残株上先喷布 1 次 50％萎锈灵可湿性粉剂 800 ～ 1 000 倍液或 30 ～ 50 倍液的石灰水，拔除后集中田间进行烧毁，事后在地面再喷布 1 次。

（2）选用抗病品种。品种间抗病性有差异，可选种适合当地的耐病品种。

（3）种间轮作或作物间轮作，可降低发病程度。

（4）发病初期，喷洒 50％萎锈灵可湿性粉剂 1 000 倍液，或用 50％的粉锈灵可湿性粉剂 1 000 ～ 1 500 倍液，或用 50％多菌灵可湿性粉剂 800 ～ 1 000 倍液，或用 65％代森锌 500 倍液，每隔 7 ～ 10 天喷 1 次，共喷 3 次，都有良好的防治效果。

2．豆类炭疽病

【田间症状识别】 豆类炭疽病可为害叶片、茎荚和种子。病叶的叶脉有红褐色条斑，后期变成黑色网状斑。茎和叶柄染病有褐色凹陷龟裂斑，后期变成黑褐色长条斑。豆荚染病有黑色圆形凹陷斑，潮湿时有粉红色物质。种子染病则有黄褐色或褐色凹陷斑。

叶片病斑症状

豆荚病斑症状

在根茎部出现褐色凹陷病斑，造成植株死亡。

【病原及发病特点】 炭疽病病原为（*Colletotrichum lindemuthianum*）真菌。病菌在种子或病残体上越冬，通过伤口或茎叶表皮直接侵入。如果种子带菌则直接产生病株，借助雨水、田间作业及育苗进行传播。在气温 16 ~ 23℃、相对湿度 98% 的条件下易发病。高于 27℃，相对湿度低于 92%，则少发生；低于 13℃病情停止发展。该病在多雨、多露、多雾冷凉多湿地区，或种植过密，土壤黏重下湿地发病重。

【防治方法】

（1）选用抗病品种。如早熟 14 号菜豆、吉旱花架豆、荷 1512、芸丰 623 等抗病性强。

（2）用无病种子或进行种子处理。注意从无病荚上采种，或用种子重量 0.4% 的 50% 多菌灵或福美双可湿性粉剂拌种，或用 40% 多·硫（好光景）悬浮剂或 60% 多菌灵磺酸盐（防霉宝）可溶性粉剂 600 倍液浸种 30min，洗净晾干播种。

（3）实行 2 年以上轮作，使用旧架材要用硫黄熏蒸消毒。

（4）开花后，发病初开始喷洒 25% 溴菌腈（炭特灵）可湿性粉剂 500 倍液或 25％咪鲜胺（使百克）乳油 1 000 倍液，或用 28％百·乙（百菌清·乙霉威）可湿性粉剂 500 倍液，或用 80％炭疽福美可湿性粉剂 800 倍液，或用 75％百菌清（克达）可湿性粉剂 600 倍液，或用 30％苯噻氰（倍生）乳油 1 200 倍液，以上药液交替喷洒，隔 7 ~ 10 天 1 次，连续防治 2 ~ 3 次。

3．豆类根腐病

【田间症状识别】　豆类根腐病在多种豆类幼苗期至成株期均可发病，以开花期染病多，主要为害根或根茎部。病株下部叶片先发黄，逐渐向中、上部发展，致全株变黄枯萎。主、侧根部分变黑色，纵剖根部，维管束变褐或呈土红色，根瘤和根毛明显减少，轻则造成植株矮化，茎细，叶小或叶色淡绿，个别分枝呈萎蔫或枯萎状，轻病株尚可开花结荚，但荚数大减或籽粒秕瘦；重病株的茎基部缢缩或凹陷变褐，呈“细腰”状，病部皮层腐烂或开花后大量枯死，颗粒无收，致全田一片枯黄。

【病原及发病特点】　病原为根腐丝囊霉（*Aphanomyce seuteiches* Dreehsler）真菌。病菌可在土壤中营腐生生活，以藏卵器和菌丝体在土壤中越冬。翌年春季土壤中水分充足时，产生孢子囊。孢

豌豆幼苗根腐

豇豆主根腐烂

田间发病症状

子囊释放出大量游动孢子，发芽后穿透幼苗子叶下轴或根部外皮层侵入，经潜育即发病。病菌在 20℃ 左右生长良好，土壤温度低，出苗缓慢，有利于病菌侵入，易发病。排水不良、土壤黏重发病重。

【防治方法】

（1）与麦类或非豆科类作物轮作倒茬。

（2）选用抗病品种。如麻豌豆、小豆 60、704 等较抗病。

（3）药剂拌种。用种子重量 0.25% 的 20% 三唑酮乳油拌种或用种子重量 0.2% 的 75% 百菌清可湿性粉剂拌种均有一定效果。

（4）发现病株及时拔除，用 77% 可杀得 600 倍液或恶毒灵 5g 对水 15 kg 喷雾或浇灌。

（5）苗期药剂防治。在幼苗期如发现感病苗，尽快采取化学防治。用多菌灵草酸盐 800 ~ 1 000 倍液，或用枯萎立克＋云大 120 稀释 500 倍液叶面喷雾效果也很好。发病初期喷洒 20% 甲基立枯磷乳油 1 200 倍液或 72% 杜邦克露可湿性粉剂，但一定要掌握好一个"早"字，而且要喷雾均匀。

4．菜豆细菌性疫病

【田间症状识别】 菜豆细菌性疫病可为害菜豆、豇豆、豌豆等多种豆类作物，主要侵染叶、茎蔓、豆荚和种子。叶片受害，从叶尖和边缘开始，初为暗绿色水渍状小斑，随病情发展病斑扩大成不规则形的褐色坏死斑，病斑周围有黄色晕圈，病部变硬，薄而透明，易脆裂。叶片干枯如火烧状，故又称叶烧。嫩叶受害，皱缩、变形，易脱落。茎蔓染病，初为水渍状，发展成褐色凹陷条斑，环绕茎一周后，致病部以上枯死。果实染病，初为褐红色、稍凹陷的近圆形斑，严重时豆荚内种子亦出现黄褐色凹陷病斑。在潮湿条件下，叶、茎、果病部及种子脐部，均有黄色菌脓溢出。

菜豆叶被害症状

叶片干枯如火烧状　　　　　　　　果荚病斑症状

【病原及发病特点】 病原为细菌性疫菌（*Xanthomonas phaseoli*）。病原细菌主要在茎叶中或土壤中越冬，病部渗出的菌脓借风雨或昆虫传播，从气孔、水孔或伤口侵入，经 2 ~ 5 天潜育，即引致茎叶发病。气温 24 ~ 32℃、叶上有水滴是本病发生的重要温湿条件，一般高温多湿、雾大露重或暴风雨后转晴的天气，最易诱发本病。此外，栽培管理不当，大水漫灌，肥力不足或偏施氮肥，造成长势差或徒长，皆易加重发病。

【防治方法】

（1）实行 3 年以上轮作。

（2）选留无病种子，从无病地采种，对带菌种子用 45℃温水浸种 15min，捞出后移入冷水中冷却，或用种子重 0.3% 的 50% 福美双拌种，或用硫酸链霉素 500 倍液，浸种 24h。

（3）加强栽培管理，避免田间湿度过大，减少田间结露的条件。

（4）发病初期喷洒 86.2% 氧化亚铜（铜大师）可湿性粉剂 1 000 倍液或 78% 波·锰锌（科博）可湿性粉剂 500 倍液、40% 细菌快克可湿性粉剂 600 倍液、40% 农用硫酸链霉素可溶性粉剂 2 000 倍液、新植霉素 4 000 倍液、80% 波尔多液（必备）可湿性粉剂 500 倍液，隔 7 ~ 10 天 1 次，连续防治 2 ~ 3 次。

六、薯芋类病害

1. 马铃薯晚疫病

【田间症状识别】 马铃薯晚疫病又称马铃薯瘟，是一种流行性强、具毁灭性的病害，可为害马铃薯叶片、叶柄、茎和薯块。从叶尖或叶缘开始产生水渍状褐绿斑点，空气湿度大时，病斑迅速扩大，甚至扩展达整个叶片，并可沿叶脉侵入叶柄及茎部，形成褐色病斑，病斑边缘界限不明显。在暗褐色病斑边缘长出一圈白色霉层，叶片背面最为明显。发病严重时，叶片萎蔫下垂，全株变黑呈湿腐状。薯块受害时，形成淡褐色不规则的小斑点，稍

叶片发病初期症状

褐色大斑

叶背白色霉层

叶片萎蔫下垂

病薯表面

病薯腐烂

凹陷，病斑下面的薯肉变褐坏死，最后病薯腐烂。

【病原及发病特点】 病原为疫霉属（*Phytophthora infestans* Bary）真菌。以菌丝体在薯块中越冬，播种带菌薯块，导致不发芽或发芽后出土即死去，有的出土后成为中心病株，病部产生孢子囊借气流传播进行再侵染，形成发病中心，迅速蔓延扩大。病菌渗入土中侵染薯块，即形成病薯，成为翌年主要侵染源。病菌喜日暖夜凉高湿条件，在相对湿度95％以上，温度18～22℃条件下，有利孢子囊形成、萌发、侵入以及菌丝的生长发育。因此在多雨年份容易流行成灾，忽冷忽暖，多露、多雾或阴雨有利于发病。马铃薯现蕾开花阶段是晚疫病侵染发生与流行的最佳时期，冬种马铃薯主要发病时段是在2—3月。

【防治方法】

（1）选用抗病品种。

（2）加强栽培管理。于苗期、封垄期分别及时培土，减少病菌侵染薯块的机会；控制氮肥施用量，增施磷、钾肥，增强植株抗病能力；在雨后及时清沟排渍、降低田间湿度；发现病株应立即拔除深埋。

（3）药剂防治。在发病前进行喷药防治效果比较好，第一次应在马铃薯封垄之前，以后每隔2～3周喷1次。发病后，每隔5～7天喷药1次，连喷2～3次。药剂可选86.2％氧化亚铜（铜大师）1 000倍液、72％克露或克霜氰或霜霸可湿性粉剂700倍液、69％安克·锰锌可湿性粉剂900～1 000倍液、90％三乙膦酸铝可湿性粉剂400倍液、38％恶霜菌酯或64％杀毒矾可湿性粉剂500倍液、60％琥·乙膦铝可湿性粉剂500倍液、50％甲霜铜可湿性粉剂700～800倍液等。

2．马铃薯早疫病

【田间症状识别】 主要为害叶片，发生严重时，也为害叶柄和块茎。叶片染病，病斑灰白色至黑褐色，圆形或近圆形，有时病斑发展扩大受叶脉限制而呈多角形或不整形。病斑具同心轮纹，潮湿时，病斑上生出黑色霉层。发病严重的叶片干枯脱落，田间植株成片枯黄。茎和叶柄染病，产生暗褐色稍凹陷、长条形或长梭形黑褐色病斑，有时有同心轮纹。块茎染病产生暗褐色稍凹陷圆形或近圆形病斑，边缘分明，皮下呈浅褐色海绵状干腐。

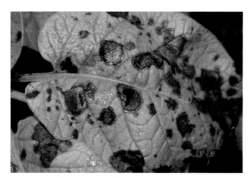

叶片病斑

植株成片枯黄

病薯块茎

【病原及发病特点】 病原是茄链格孢真菌（*Alternaria solani Soraue*），以分生孢子或菌丝在病残体或带病薯块上越冬，翌年种薯发芽病菌即开始侵染。病苗出土后，其上产生的分生孢子借风、雨传播，进行多次再侵染使病害蔓延扩大。病菌易侵染老叶片，遇小到中雨或连续阴雨或湿度高于80%，该病易发生和流行。分生孢子萌发适温为26～28℃，当叶上有结露或水滴，温度适宜，分生孢子经35～45min即萌发，从叶面气孔或穿透表皮侵入，潜育期2～3天。干旱、缺肥，植株生长衰弱时容易发病。瘠薄地块及肥力不足田发病重。

【防治方法】

（1）农业防治。选择疏松肥沃的沙壤土或壤土种植马铃薯，要求旱能灌，涝能排。结合冬耕或春耕整地，多施腐熟优质有机肥做基肥。播种时还要施氮、磷、钾复合肥做种肥（但不宜施用氯化钾）。马铃薯开花现蕾时，喷施0.1%磷酸二氢钾。重病地与非茄科蔬菜实行轮作。

（2）药剂防治。发病初期，选用75%百菌清可湿性粉剂600倍液，或用64%杀毒矾可湿性粉剂500倍液，或用70%代森锰锌可湿性粉剂500倍液，或用50%普海因可湿性粉剂1 000倍液，或用77%可杀得可湿性微粒剂500倍液，或用1∶1∶200波尔多液等喷雾防治。7～10天喷1次，连续喷2～3次。

3．马铃薯环腐病

【田间症状识别】 地上部染病分枯斑和萎蔫两种类型。枯斑型多在植株基部复叶的顶上先发病，叶尖和叶缘及叶脉呈绿色，叶肉为黄绿或灰绿色，具明显斑驳，且叶尖干枯或向内纵卷，病

枯斑型症状

萎蔫型症状

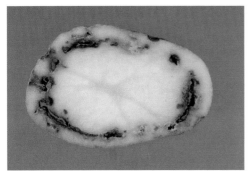

病薯环腐症状

情向上扩展，致全株枯死；萎蔫型初期则从顶端复叶开始萎蔫，叶缘稍内卷，似缺水状，病情向下扩展，全株叶片开始褪绿，内卷下垂，终致植株倒伏枯死。块茎发病切开可见维管束变为乳黄色至黑褐色，皮层内现环形或弧形坏死部，故称环腐。

【病原及发病特点】 病原为环腐棒杆菌（*Clavibacter michiganense* subsp. *sepedonicum*）细菌。病菌在种薯中越冬，成为翌年初侵染来源，也可以在盛放种薯的容器上长期成活，成为薯块感染的一个来源。病菌主要靠切刀传播，经伤口侵入，不能从气孔、皮孔、水孔侵入，受到损伤的健薯只有在维管束部分接触到病菌才能感染。病薯播种后，病菌在块茎组织内繁殖到一定数量后，部分芽眼腐烂不能发芽。出土的病芽中，病菌沿维管束上下扩展，引起地上部植株发病。马铃薯生长后期，病菌可沿茎部维

管束经由匍匐茎侵入新生的块茎。病害发展最适土壤温度为 19 ～ 23℃，超过 31℃病害发展受到抑制，低于 16℃症状出现推迟。一般来说，温暖干燥的天气有利于病害发展。贮藏期温度对病害也有影响，在温度 20℃上下贮藏比低温 1 ～ 3℃贮藏发病率高得多。播种早发病重，收获早则病薯率低。

【防治方法】

（1）建立无病留种田，尽可能采用整薯播种。

（2）选用种植抗病品种。

（3）播前汰除病薯 把种薯先放在室内堆放 5 ～ 6 天，进行晾种，不断剔除烂薯，使田间环腐病大为减少。用 50mg/kg 硫酸铜浸泡种薯 10min 有较好效果。

（4）结合中耕培土，及时拔除病株，携出田外集中处理。

4. 马铃薯黑胫病

【田间症状识别】 马铃薯黑胫病主要侵染茎或薯块，从苗期到生育后期均可发病。幼苗染病一般株高 15 ～ 18cm 出现症状，植株矮小，节间短缩，或叶片上卷，褪绿黄化，或胫部变黑，萎蔫而死。薯块染病始于脐部，呈放射状向髓部扩展，病部黑褐色，横切可见维管束亦呈黑褐色，用手压挤皮肉不分离，湿度大时，薯块变为黑褐色，腐烂发臭，区别于青枯病。横切茎可见 3 条主要维管束变为褐色。种薯染病腐烂成黏团状，不发芽，或刚发芽即烂在土中，不能出苗。

【病原及发病特点】 病原为欧文氏菌（*Erwinia carotovora* subsp. *atroseptica*）细菌。种薯带菌，土壤一般不带菌。病菌先通过切薯块扩大传染，引起更多种薯发病，再经维管束或髓部进入植株，

植株矮小，叶片卷缩

胫部变黑

病薯

病薯横切面

引起地上部发病。田间病菌还可通过灌溉水、雨水或昆虫传播，经伤口侵入致病，后期病株上的病菌又从地上茎通过匍匐茎传到新长出的块茎上。贮藏期病菌通过病健薯接触经伤口或皮孔侵入使健薯染病。病菌适宜温度为 10 ~ 38℃，最适为 25 ~ 27℃，高于 45℃即失去活力。窖内通风不好或湿度大、温度高，利于病情扩展。带菌率高或多雨、低洼地块发病重。

【防治方法】

（1）选用抗病品种。

（2）选用无病种薯，建立无病留种田。

（3）切块用草木灰拌种后立即播种。

（4）适时早播，促使早出苗。

（5）发现病株及时挖除，特别是留种田更要细心挖除，减少菌源。

（6）种薯入窖前要严格挑选，入窖后加强管理，窖温控制在1～4℃，防止窖温过高，湿度过大。

（7）药剂防治。噻霉酮滴灌150g/亩或噻霉酮叶面喷雾80g/亩，连用2次。

5．马铃薯病毒病

【田间症状识别】 马铃薯病毒病田间表现症状复杂多样，常见的症状类型如下。

（1）花叶型。叶面出现淡绿、黄绿和浓绿相间的斑驳花叶（有轻花叶、重花叶、皱缩花叶和黄斑花叶之分），叶片基本不变小，或变小、皱缩，植株矮化。

（2）卷叶型。叶缘向上卷曲，甚至呈圆筒状，色淡，变硬革质化，有时叶背出现紫红色。

（3）坏死型（或称条斑型）。叶脉、叶柄、茎枝出现褐色坏死斑或连合成条斑，甚至叶片萎垂、枯死或脱落。

（4）丛枝及束顶型。分枝纤细而多，缩节丛生或束顶，叶小花少，明显矮缩。

【病原及发病特点】 病原包括病毒（占多数）、类病毒、植物菌原体等达30余种，我国已知的毒源种类有10种以上。常见而重要的如下。

（1）马铃薯X病毒（简称PVX），或称马铃薯普通花叶病毒，引起轻花叶，有时产生斑驳或坏死斑，寄主广，可借汁液传毒和

菟丝子传毒。

（2）马铃薯Y病毒（简称PVY），或称马铃薯重花叶病毒，引起重花叶或坏死条斑，寄主较广，借助蚜虫（主）和汁液传毒。

（3）马铃薯卷叶病毒（简称PLRV），引起卷叶，寄主主要是茄科作物，借助蚜虫（主）和茎嫁接传毒。

（4）马铃薯S病毒（简称PVS），或称马铃薯潜隐病毒，引起叶片皱缩，或不显症，或后期叶面出现青铜色及细小枯斑，寄主仅茄科少数植物，借汁液摩擦传毒。

（5）马铃薯 A 病毒（简称 PVA），或称马铃薯轻花叶病毒，引起花叶、斑驳、泡突，或不显症，寄主范围窄，借助蚜虫（主）和汁液传毒。这些毒源主要来自种薯和野生寄主上，带毒种薯为最主要的初侵染源，种薯调运可将病毒作远距离传播。在植株生长期间，病毒通过昆虫或汁液等传播，引起再侵染。高温特别是土温高（>25℃），既有利于传毒蚜虫的繁殖和传毒活动，又会降低薯块的生活力，从而削弱了对病毒的抵抗力，往往容易感病，引起种薯退化。

【防治方法】

（1）建立无病留种基地（品种基地应建立在冷凉地区，繁殖无病毒或未退化的良种）。

（2）采用无毒种薯，各地要建立无毒种薯繁育基地，推广茎尖组织脱毒。

（3）一季作地区实行夏播，使块茎在冷凉季节形成，增强对病毒的抵抗力；二季作地区春季用早熟品种，地膜覆盖栽培，早播早收，秋季适当晚播、早收，可减轻发病。

（4）改进栽培措施。包括留种田远离茄科菜地，及早拔除病株，实行精耕细作，高垄栽培，及时培土，避免偏施过施氮肥，增施磷钾肥，注意申耕除草，控制秋水，严防大水漫灌。

6. 芋疫病

【田间症状识别】 此病仅为害芋和水芋，主要为害叶片，也为害叶柄及球茎。叶上病斑圆形，褐色或黄褐色，边缘不明显，扩大后为浓淡褐色相间的大型轮纹状病斑，周围常有暗绿色或黄绿色水浸状晕环。在潮湿环境下，斑面上常长出稀疏的白色霉状物（孢子囊及孢囊梗）和米粒大小的蜜黄色溢滴液，正反两面均有，但在叶背的更明显。后期病叶干枯、破裂和穿孔，严重时，大部分病组织脱落，仅残留叶脉。在叶柄上，病斑长椭圆形，暗褐色，边缘不明显，表面也长出稀疏的白色霉状物。球茎被害部分变褐。

叶片初期病斑

叶片后期病斑

叶柄病斑

【病原及发病特点】 病原为芋疫霉真菌（*Phytophthora colocasiae* Racib.），主要以菌丝体在被害部越冬，第二年春季产生孢子囊，借风雨传播，产生芽管或游动孢子侵染为害，后又在病部产生孢子囊进行再侵染。孢子囊萌发除要求高湿度外，气温在27℃以上可直接萌发产生芽管，在10～22℃多产生游动孢子，但低于

10℃，大多数孢子囊易失去生活力。芋疫病在多雨和温度偏低的环境条件发病重。

【防治方法】

（1）农业防治。在无病区采种；收获后清除在地上的病株残体，集中烧毁；加强田间管理，合理施肥，增施磷、钾肥。

（2）喷洒杀菌剂。50%多菌灵可湿性粉剂 600 ～ 800 倍液；64%杀毒矾可湿性粉剂 500 倍液；25%甲霜灵可湿性粉剂 800 ～ 1 000倍液；78%科博可湿性粉剂 500 ～ 600倍液，每10天喷洒1次，共 2 ～ 3 次。

7．莲藕腐败病

【田间症状识别】 莲藕腐败病又名莲藕枯萎病，俗称"藕瘟"，是莲藕的重要病害。主要侵害地下茎节，造成莲藕变褐腐烂，植株地上部变褐枯死。茎节受害，初期症状不明显，剖视病茎可见部分维管束变褐，以后随病情发展，地下茎节逐渐变褐并发展扩大，由种藕向当年新生地下茎节蔓延，严重时地下茎节都呈褐色至紫黑色腐败，不能食用。由于地下茎节受害，植株输导组织受阻，

莲藕植株枯萎

莲藕茎节变黑腐烂　　　　　　　病茎维管束变褐

地上部叶片亦表现叶色褪绿变黄，逐渐由叶缘向内变褐干枯或卷曲，终致叶柄顶部弯曲，变褐干枯。严重时藕田一片枯黄，似火烧一般。挖检病株地下茎节，可见藕节上产生蛛丝状菌丝体和粉红色黏稠物。

【病原及发病特点】　病原为半知菌藕尖镰孢真菌（*Fusarium* sp.），只为害藕。病菌以菌丝体在种藕内和以厚垣孢子在土壤中越冬，带菌的种藕和病土为田间发病的主要初侵染源。栽种带菌种藕长出的幼苗即成为田间中心病株，先是地下茎节和根系发生病变，后扩展到叶柄和叶片。中心病株发病后产生分生孢子经水流移动传播，从伤口侵入，形成再侵染。带菌种藕是本病发生流行的主导因素，品种间存在抗性差异，深根系品种较浅根系品种发病轻。莲藕生长期阴雨连绵、光照不足或暴风雨频繁易诱发此病。藕田土壤通透性差，酸性较强，污水灌溉，食根害虫严重，施用未腐熟有机肥，过量偏施氮肥或水温持续偏高等，病害发生严重。一般5月中旬开始发病，6月下旬至7月上中旬为发病盛期，7月下旬后病情减轻。8月中旬开始，发病植株可长出新的浮叶和立叶。

【防治方法】

（1）发病重的地块，实行 2 ～ 3 年的轮作，改种其他水生蔬菜。

（2）加强栽培管理，选用无病种藕；每亩施生石灰 200 ～ 250kg 以改良土壤；浅水田深耕，加深耕作层；加强肥水管理，施用农家肥、绿肥和作物秸秆肥，必须充分腐熟。

（3）及时拔除病株，清除发病茎节后排水施药防治。可选用 45％特克多悬浮剂，或用 25％敌力脱乳油，或用 65％多果定可湿性粉剂，或用 10％双效灵水剂，或用 50％多菌灵可湿性粉剂，每亩用 1.5 ～ 3kg 药剂，拌细土 20 ～ 30kg，或用药剂对适量水后让细土吸附再均匀撒入浅水层。

七、其他蔬菜病害

1. 莴苣霜霉病

【田间症状识别】 主要为害叶片。病斑初呈黄绿色，无明显边缘，后扩大，受叶脉限制呈多角形。叶片背面生白色霜霉状物。本病多先从下部叶片开始发生，渐向上蔓延，后期叶片枯萎。

【病原及发病规律】 病原为莴苣盘梗霉（*Bremia lactucae* Regel）真菌。病菌以菌丝体及卵孢子随病株残余组织遗留在田间或潜伏

幼苗发病

成株症状

病叶霜霉

病株后期

在种子上越冬。在环境条件适宜时，产生孢子囊，通过雨水反溅、气流及昆虫传播至寄主植物上，从寄主叶片表皮直接侵入，引起初次侵染。病菌侵染后出现病斑，在受害的部位产生孢子囊，借气流传播进行多次再侵染，加重为害。病菌喜低温高湿环境，最适发病环境，温度为 15 ~ 17℃，相对湿度 90% 以上；最适感病生育期为成株期；发病潜育期 3 ~ 5 天。主要发病盛期在春季 3—5 月和秋季 10—11 月。田块间连作地、地势低洼、排水不良的田块发病较重。栽培上种植过密、通风透光差、肥水施用过多的田块发病重。

【防治方法】

（1）加强管理。合理密植，合理肥水，增强田间通风透光，开沟排水，降低田间湿度，提高植株抗病能力；收获后清除病残体，带出田外集中销毁；深翻土壤，加速病残体腐烂分解。

（2）茬口轮作。重发病地块提倡与禾本科作物 2 ~ 3 年轮作，以减少田间病菌来源。

（3）选用抗病品种。

（4）药剂防治。在发病初期开始喷药，用药间隔期 7 ~ 10 天，连续喷药 2 ~ 3 次。药剂可选用 40% 乙膦铝可湿性粉剂 200 倍液、25% 瑞毒霉 500 ~ 600 倍液、25% 甲霜锰锌可湿性粉剂 500 ~ 600 倍液、80% 喷克可湿性粉剂 500 ~ 800 倍液、75% 百菌清可湿性粉剂 700 倍液和 72% 克露可湿性粉剂 800 倍液等。可与叶面施肥结合进行。

2．芹菜斑枯病

【**田间识别症状**】 芹菜斑枯病又称晚疫病、叶枯病，主要为害叶片，也能为害叶柄和茎。一般老叶先发病，后向新叶发展。病斑有大斑型和小斑型 2 种，长沙地区主要是大斑型，初发病时，叶片产生淡褐色油渍状小斑点，后逐渐扩散，中央开始坏死，后期可扩展到 3 ~ 10cm，多散生，边缘明显，外缘深褐色，中央褐色，散生黑色小斑点。叶柄或茎受害时，产生油渍状长圆形暗褐色稍凹陷病斑，中央密生黑色小点。

【**病原及发病特点**】 大斑型斑枯病菌为芹菜小壳针孢（*Septoria apii Chest*）真菌，主要以菌丝体在种皮内或病残体上越冬，且存活 1 年以上。播种带菌种子，出苗后即染病，在育苗畦内传播蔓延。在病残体上越冬的病原菌，遇适宜温、湿度条件，产出分生孢子器和分生孢子，借风雨飞溅传播。遇有水滴存在，孢子萌发侵入植株，进行再侵染。发生的适宜温度为 20 ~ 25℃，相对湿度为 85% 以上。芹菜最适感病生育期在成株期至采收期。主要发病盛

叶部病斑　　　　　　　　　　　茎部病斑

全株病状

期在春季3—5月和秋冬季10—12月。年度间早春多雨、日夜温差大的年份发病重，秋季多雨、多雾的年份发病重，高温干旱而夜间结露多、时间长的天气条件下发病重，田间管理粗放、缺肥、缺水和植株生长不良等情况下发病也重。

【防治方法】

（1）发病初期适当控制浇水，保护地栽培注意增强通风，降低空气湿度。

（2）培育无病壮苗，增施有机底肥，注意氮、磷、钾肥合理搭配。

（3）收获后彻底清除病株落叶。

（4）轻微发病时，用奥力克速净按300～500倍液稀释喷施，5～7天用药1次；病情严重时，按300倍液稀释喷施，3天用药1次，喷药次数视病情而定。

3. 蕹菜白锈病

【田间症状识别】 为害叶片和茎部，以叶片症状为常见。被害叶面初现淡黄色斑点，后渐变褐，斑点大小不等（一般4～16mm），近圆形至不规则形。在相应的叶背出现白色稍隆起的疱斑，数个疱斑常融合为较大的疱斑块，随着病菌的发育，疱斑越来越隆起，终致破裂，散出白色粉末。发病严重时，叶片病斑密布，病叶呈畸形，不能食用。茎部被害，患部呈肿大畸形，直径比正常茎增粗1～2倍。

【病原及发病特点】 病菌为甘薯白锈菌（*Albugo ipomoeae-panduranae* Swingle）真菌。病菌主要以卵孢子潜伏在病残体或种子内越冬，少数以菌丝体在寄主根茎内存活越冬，翌年从幼嫩叶

初期病斑　　　　　　　　　叶上的白色疱斑

叶背的白粉

片气孔侵入致病。病菌可沿维管束进行系统侵染，借助风雨传播侵染致病，在生长季节中，再次侵染不断发生，病害蔓延。发病最适温度为 25 ~ 30℃，温暖多湿的天气，特别是日暖夜凉的季节最有利于发生流行。连作地、土壤瘠薄、疏于肥水管理、植株生长不良的地块及植株发病早而重。

【防治方法】

（1）选育和选用抗病良种。

（2）选用无病种子或种子消毒。播前用种子重量 0.3% 的 72% 克露或 69% 安克锰锌可湿性粉剂拌种。

（3）重病区和重病田实行轮作，最好与非旋花科作物轮作或水旱轮作。

（4）彻底清洁田园，收获后收集烧毁病残物，以减少菌源。

（5）增施有机肥和磷钾肥，提高土壤肥力和疏松度，适时喷施叶面肥、薄施勤施肥，促植株早生快发，壮而不过旺。

（6）按苗情、病情、天气状况及时喷药控病。梅雨季节应抓住雨后或抢晴施药，药剂可选用 69% 安克锰锌，或用 72% 克露 800 ~

1 000 倍液，或用 50% 安克 2 000 倍液，或用 25% 甲霜灵或 58% 甲霜灵锰锌 1 500 倍液，或用 25% 三唑酮乳油 1 500 倍液。隔 7～15 天喷 1 次，连续喷 2～3 次，前密后疏，交替喷施。

4．蕹菜轮斑病

【田间症状识别】　主要为害叶片，初生褐色小斑点，扩大后成为圆形、近圆形或不规则形病斑，黄褐色至红褐色，具同心轮纹，后期在病斑上产生稀疏黑色小粒点，病斑易脱落穿孔。叶片上病斑数量较多时，病斑之间可相互汇合成为较大的斑块，导致病叶变黄，干枯甚至卷缩。叶柄和嫩茎发病，形成长椭圆形病斑略凹陷，易从病斑部折断。

【病原及发病特点】　病原为叶点霉（*Phyllosticta ipomoeae*）真菌，病菌以菌丝体在病残体内越冬，翌年产生出分生孢子侵染

初期病斑

后期病斑

叶片受害斑点

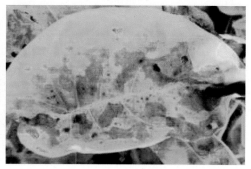
叶片受害后期

为害。病部产生的分生孢子借气流传播，进行再侵染，病害不断扩展。病菌发育适温 22 ~ 25℃，相对湿度 85% 以上，一个生长季可发生多次再侵染。多雨年份或多雨季节，温暖高湿，植株生长衰弱时发病重。病地连作、种植密度过大、浇水过多、雨后渍水、保护地不通风、湿度大，发病也重。

【防治方法】

（1）适时播种，合理密植，及时采收，疏株通风；重病地进行 2 年以上轮作；施足有机肥，避免偏施氮肥；适当控制灌水，切忌大水漫灌，雨后及时排水；发现病叶及时摘除深埋，收获后清除田间病残体，深翻土壤。

（2）发病初期，可喷施可湿性粉剂：50% 扑海因 1 000 ~ 1 500 倍液，或用 70% 代森锰锌 500 ~ 700 倍液，或用 50% 甲基硫菌灵 600 倍液，间隔 7 ~ 10 天喷 1 次，用药 3 ~ 4 次。

5. 蕹菜褐斑病

【田间识别症状】　主要为害叶片，初期为黄褐色小点，后扩大成边缘暗褐色、中央灰白至黄褐色、圆形或椭圆形的坏死病斑，边缘有浅黄绿色晕圈、明显。几个病斑可汇合成为较大的斑块。病斑沿主脉发展后，可使叶片扭曲。干燥时，病斑中部开裂。潮湿时，病斑两面生黑色霉状物，严重时病斑密布相连，致病叶枯黄坏死，不堪食用。

【病原及发病特点】　病原为尾孢霉（*Cercospora ipomoeae*）真菌。以菌丝体在病残体内越冬，翌年条件适宜时产生分生孢子，借气流传播，由气孔侵入，进行再侵染。一般连作地块，地势低，雨后易积水，种植密度过大，田间通透性差，秋季雨水较多，保

发病初期症状

发病后期病斑

护地放风不及时，空气湿度大，经常大水漫灌等发病重。

大田症状

【防治方法】

（1）农业措施。重病地块实行与非旋花科蔬菜轮作2年以上。在栽培田周围挖排水沟，避免田间雨后积水。合理配方施肥，促使植株健壮生长，增强抵抗力。及时摘除病叶带出田外集中销毁。

（2）药剂防治。发病初期，可采用可湿性粉剂50%多菌灵800倍液，或用77%可杀得500倍液，或用60%甲硫·异菌脲1 000 ~ 1 500倍液喷雾。视病情间隔7 ~ 10天喷药1次。采收前5 ~ 7天停止用药。

6. 菠菜心腐病

【**田间症状识别**】 又叫菠菜根腐病,主要为害菠菜的茎基部,叶、茎和根均可受害。种子带菌的菠菜发芽后染病,出土后幼苗茎基变褐、缢缩、引致猝倒或腐烂,造成缺苗。较大苗受害,根茎变褐坏死,植株外叶黄化,心叶坏死,或半边黄化坏死,最后腐烂倒伏。

【**病原及发病特点**】 病原为尖镰孢(*Fusarium oxysporum*)真菌,病菌以菌丝体和分生孢子器随病残体在土壤中或种子上越冬。种子带菌,直接侵染幼苗。通过风雨或浇水传播,形成初侵染和再侵染。土壤干燥、根茎受伤或施肥不当、土壤盐碱重、植

苗期症状

成株期症状

株生长衰弱均有利于发病。

【防治方法】

（1）选用无病种子。用52℃温水浸种60min，适当加大播种量。

（2）加强栽培管理，每亩施用硼砂0.1～0.6kg，喷施天达2116，可提高抗病性。

（3）发病初期喷施可湿性粉剂70%甲基托布津1 000倍液，或用75%百菌清1 000倍液、50%扑海因1 500倍液等，连续防治2～3次，采收前7天停止用药。

7. 葱紫斑病

【田间症状识别】　又称黑斑病、轮斑病，可为害香葱、大葱、洋葱等。主要为害叶片和花梗。病斑椭圆形至纺锤形，通常较大，长径1～5cm或更长，紫褐色，斑面出现明显同心轮纹；湿度大时，病部长出深褐色至黑灰色霉状物（分生孢子梗与分生孢子）。当病斑相互融合和绕叶或花梗扩展时，致全叶（梗）变黄枯死或倒折。

【病原及发病规律】　病原为香葱链格孢菌（*Alternaria porri* Cifferri）真菌。病菌以菌丝体在寄主体内或随病残体遗落在土壤中越冬，

叶梗上病斑

大田症状

种子也可带菌。但在南方温暖地区，病菌以分生孢子在葱类植物上辗转传播为害，并无明显越冬期。分生孢子通过气流传播，从伤口、气孔或表皮直接侵入致病。病菌孢子形成、萌发和侵入均需有水滴存在，故温暖多湿的天气和植地高湿环境有利于发病。沙质土、旱地，或肥水不足，或葱蓟马猖獗的田块，往往发病严重。早苗、老苗发病也较重。品种间抗病性有差异。

【防治方法】

（1）重病地区和重病田应实行轮作。

（2）因地制宜地选用抗病良种。播前种子消毒，用40～45℃温水浸泡1.5h，或用40%福尔马林300倍液浸3h，水洗后播种。

（3）加强肥水管理，注重田间卫生。

（4）及早喷药，预防控病。发病初期喷施75%百菌清+70%托布津（1∶1）1 000～1 500倍液，或用30%氧氯化铜+70%代森锰锌（1∶1，即混即喷）1 000倍液，或用45%三唑酮福美双可湿粉1 000倍液，或用30%氧氯化铜+40%大富丹（1∶1，即混即喷）800倍液，或用3%农抗120水剂100～200倍液。隔7～15天喷施1次，喷施2～3次或更多，交替使用，前密后疏。

8. 大蒜叶枯病

【田间症状识别】 大蒜叶枯病俗称"火风",是大蒜的主要病害之一。表现为叶尖枯黄,在叶片上呈纵贯全叶的条斑,沿中肋发展或位于叶片一侧,病斑扩大后变为灰黄色或灰褐色,空气湿度大时病斑表面密生黑褐色霉状物。

【病原及发病规律】 病原为枯叶格孢腔真菌(*Pleospora herbarum* Rabenk)。在春播大蒜栽培区,病菌主要以菌丝体或子囊壳随病残体遗落土中越冬,翌年产生子囊孢子引起初侵染,后病部产生分生孢子随气流和雨滴飞溅进行再侵染。秋播大蒜出苗后,病残体上产生的分生孢子随气流、雨滴飞溅传播,引起侵染发病。该菌为弱寄生菌,常伴随霜霉病或紫斑病混合发生。长江中下游地

病叶症状

大田症状

区大蒜叶枯病的主要发病盛期在梅雨季节。大蒜感病生育期在成株期。一般在地势低洼、排水不畅、偏施氮肥、葱蒜类蔬菜混作、植株受伤、植株生长瘦弱和连作的田块发病重。年度间梅雨季节或秋季多雾、多雨的年份发病重。

【防治方法】

（1）种子消毒。播种前，大蒜种子用50℃温水浸半小时或用0.5%代森铵、福美双拌种。

（2）土壤处理。可按1∶1比例将福美双与五氯硝基苯混合，每亩500~750g，对400倍干土混匀，在翻地前，撒施土表。

（3）开沟排湿，深沟开畦。

（4）增施农家肥，增施磷、钾肥。

（5）药剂防治。发病初期，每亩大蒜可用200g 70%代森锰锌进行喷雾，隔7~10天，再防1次；发病盛期，每亩可用50g 50%扑海因可湿性粉剂1 500倍液或施保克进行防治，也可用百菌清、瑞锰锌等广谱性农药进行防治。

9.韭菜灰霉病

【田间症状识别】　韭菜灰霉病俗称"白点"病，为害韭菜、洋葱、大葱等葱蒜类蔬菜。主要为害叶片，初在叶面产生白色至淡灰色斑点，随后扩大为椭圆形或梭形大片枯死斑，使半叶或全叶枯死。湿度大时病部表面密生灰褐色霉层。有的从叶尖向下发展，形成枯叶，黄褐色，还可在割刀口处向下呈水渍状淡褐色腐烂，表面生灰褐色霉层，引起整簇溃烂，严重时成片枯死。

【病原及发病规律】　病原为葱鳞葡萄孢真菌（*Botrytis squamosa* Walke）。病菌以菌丝体或菌核随病残体在土壤中越冬，也可以分

生孢子在鳞茎表面越冬。翌年春天条件适宜时产生分生孢子，借气流或雨水反溅传播，引起初侵染。发病最适温度 15～21℃，相对湿度 80% 以上。长江中下游地区露地栽培韭菜的主要发病盛期为春季 3—5 月。地势低洼、排水不良、种植密度过大、偏施氮肥、生长不良的田块发病重。年度间冬春低温、多雨年份为害严重。

【防治方法】

（1）种植抗病品种。

（2）农业防治。施足腐熟有机肥，增施磷钾肥，提高作物抗病性；清除病残体，每次收割后要把病株清除出田外深埋或烧毁，减少病源。

（3）药剂防治。每次收割后及发病初期，喷洒绿盾牌 4% 农抗 120 瓜菜烟草型 500～600 倍液，或用 50% 速克灵、50% 农利灵 1000 倍液，或用 50% 多菌灵 800 倍液。

第二章
蔬菜害虫

一、十字花科蔬菜害虫

1．菜青虫

【田间症状识别】 菜青虫（*Pieris rapae*）又名菜粉蝶，主要为害十字花科蔬菜，尤以芥菜、甘蓝、花椰菜等受害严重。以幼虫咬食寄主叶片为害，幼虫 2 龄前仅啃食叶肉，留下一层半透明表皮，3 龄前多在叶背为害，3 龄后转至叶面蚕食，将叶片咬成孔洞或缺刻，4 ~ 5 龄幼虫的取食量占整个幼虫期取食量的 97%，严重时叶片全部被吃光，只残留粗叶脉和叶柄，植株破烂不堪。边取食边排泄粪便污染菜叶，还易引起白菜软腐病发生和流行。

田间白菜被害症状

【形态特征识别】 成虫是一种白色蝴蝶，翅白色，体黑色，胸部密被白色及灰黑色长毛，前翅基部灰黑色，顶角黑色，中室外侧有 2 个黑色圆斑，前后并列，后翅前缘和外缘有几个不规则的黑斑。卵竖立呈瓶状，高约 1mm。幼虫共 5 龄，初孵化时灰黄色，后变青绿色，体圆筒形，中段较肥大，老熟幼虫体长 28 ~ 35mm，背部有一条不明显的断续黄色纵线，密布细小黑色毛瘤，各体节有 4 ~ 5 条横皱纹。蛹长 18 ~ 21mm，纺锤形，体色有绿色、

成虫

卵 　　　　　　　　　幼虫 　　　　　　　　　蛹

淡褐色、灰黄色等，背部有 3 条纵隆线和 3 个角状突起。

【发生规律】 长沙地区一年发生 8 ～ 9 代，世代重叠，以蛹越冬。翌年 4 月中下旬越冬蛹羽化，5 月达到羽化盛期。羽化的成虫取食花蜜，交配产卵，第一代幼虫于 5 月上中旬出现，5 月下旬至 6 月上旬是春季为害盛期。3 ～ 4 代幼虫于 7—8 月出现，此时因气温高，虫量显著减少。至 8 月以后，随气温下降，又是秋菜生长季节，有利于此虫生长发育。8—10 月是 5 ～ 7 代幼虫为害盛期，秋菜可受到严重为害，10 月中下旬以后老幼虫陆续化蛹越冬。

【防治方法】

（1）清洁田园。收获后及时清除田间残株老叶和杂草，深耕细耙，减少越冬虫源。

（2）人工捕捉。成虫可用网捕，发现幼虫和蛹可随手捕捉。

（3）生物农药防治。在幼虫 2 龄前，可选用 Bt 乳剂 500 ～

1 000 倍液，或用 1% 杀虫素乳油 2 000 ～ 2 500 倍液，或用 0.6% 灭虫灵乳油 1 000 ～ 1 500 倍液等生物药剂喷雾。喷药时间最好在傍晚。

（4）化学药剂防治。幼虫发生盛期，可选用 20% 天达灭幼脲悬浮剂 800 倍液，或用 10% 高效灭百可乳油 1 500 倍液，或用 50% 辛硫磷乳油 1 000 倍液，或用 20% 杀灭菊酯 2 000 ～ 3 000 倍液，或用 21% 增效氰马乳油 4 000 倍，或用 90% 敌百虫晶体 1 000 倍液等喷雾 2 ～ 3 次。注意施药应在幼虫 2 龄之前，药剂轮换使用。

2．小菜蛾

【田间症状识别】 小菜蛾（*Plutella xylostella*）又名吊丝虫，主要为害十字花科蔬菜，尤以小白菜、青花菜、薹菜、芥菜、甘蓝、花椰菜等受害严重。初龄幼虫仅取食叶肉，留下表皮，在菜叶上形成一个个透明斑，俗称"开天窗"，3 ～ 4 龄幼虫可将菜叶食成孔洞和缺刻，严重时全叶被吃成网状。在苗期常集中心叶为害，影响包心。

白菜被害症状

【形态特征识别】 小菜蛾成虫体长 6 ～ 7mm，前后翅细长，缘毛很长，前后翅缘呈黄白色三度曲折的波浪纹，两翅合拢时呈 3 个接连的菱形斑，前翅缘毛长并翘起如鸡尾，触角丝状，褐色

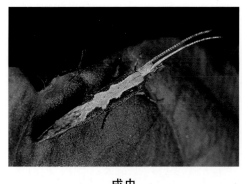

成虫

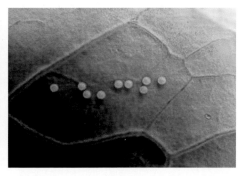

卵

幼虫

蛹

有白纹，静止时向前伸。卵椭圆形，稍扁平。初孵幼虫深褐色，后变为绿色，头部黄褐色，末龄幼虫体长 10 ～ 12mm，长条形，尾节分叉向后伸。蛹黄绿至灰褐色，外被丝茧极薄如网，两端通透。

【发生规律】 小菜蛾全国各地普遍发生，长江流域一年可发生 9 ～ 14 代，幼虫、蛹、成虫各种虫态均可越冬、越夏，无滞育现象。在长沙地区全年发生为害有两次明显的高峰，第一次在 5 月中旬至 6 月下旬，第二次在 8 月下旬至 10 月下旬（正值十字花科蔬菜大面积生产季节），而且秋季重于春季。小菜蛾的发育适温为 20 ～ 30℃，在两个盛发期内完成 1 代需 20 多天。小菜蛾喜干旱条件，潮湿多雨对其发育不利。若十字花科蔬菜栽培面积大、连续种植，或管理粗放都有利于此虫发生。成虫昼伏夜出，白昼多隐藏在植株丛内，日落后开始活动。有趋光性，以 19 ～ 23 时是扑灯的高峰期。

【防治方法】

（1）合理布局，尽量避免大范围内十字花科蔬菜周年连作。

（2）加强苗田管理，及时防治。收获后，要及时处理残株败叶，可消灭大量虫源。

（3）成虫有趋光性，在成虫发生期，可放置黑光灯诱杀，以减少虫源。

（4）生物防治，喷洒 Bt 乳剂 600 倍液可使小菜蛾幼虫感病致死。

（5）药剂防治，使用灭幼脲 700 倍液，或用 25% 快杀灵 2 000 倍液，或用 5% 卡死克 2 000 倍液，或用 24% 万灵 1 000 倍液进行防治。注意交替使用或混合配用，以减缓抗药性的产生。不要使用含有辛硫磷、敌敌畏成分的农药，以免"烧叶"。

3．甜菜夜蛾

【田间症状识别】 甜菜夜蛾（*Spodoptera exigua* Hiibner）是一种世界性分布、间歇性大发生的以为害蔬菜为主的多食性害虫。对甘蓝、白菜、萝卜、芹菜、蕹菜、苋菜、辣椒、大葱等造成大的为害。初孵幼虫吐丝结网在叶背群集取食叶肉，受害部位呈网状半透明的窗斑。3 龄后幼虫开始分散为害，将叶片吃成孔洞、缺刻、可吃光叶肉，仅留叶脉，甚至剥食茎秆皮层。幼虫可成群迁移，稍受震扰吐丝落地，有假死性。3 ~ 4 龄后，白天潜于植株下部或土缝，傍晚移出取食为害。

【形态特征识别】 成虫体长 10 ~ 14mm，翅展 25 ~ 34mm，体翅灰褐色。前翅中央近前缘外方有肾形斑 1 个，内方有圆形斑

甜菜夜蛾为害状

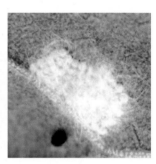

| 甜菜夜蛾成虫 | 卵块 | 幼虫 |

1个，后翅银白色。卵粒重叠成块，卵块表面覆有白色鳞毛。幼虫体长约22mm，体色变化很大，有绿色、暗绿色至黑褐色，腹部体侧气门下线为明显的黄白色纵带，有的带粉红色，带的末端直达腹部末端，气门后上方各有近圆形的白点。

【发生规律】 在湖南一年发生5～6代，以蛹在土下越冬。1～3代幼虫种群数量小，7—8月发生数量多，高温干旱年份常猖獗成灾。常和斜纹夜蛾混发，对叶菜类威胁甚大。成虫昼伏夜出，有趋光性，繁殖力强，卵聚产成块于叶片背面。4龄后幼虫开始大量取食，白天潜伏于土中，夜间出土暴食为害，阴雨天昼夜取食。在食料不足时有成群迁移习性，且抗药性强。

【防治方法】

（1）农业防治。冬季耕翻土壤，冻死越冬蛹；铲除田间地头杂草，破坏成虫栖息场所；及时摘除卵块及幼虫扩散为害前的被害叶，减轻为害。

（2）灯光诱杀。利用趋光性诱杀成虫。

（3）化学防治。防治适期为2龄幼虫分散前，通常在发蛾高峰后的5～7天，根据幼虫昼伏夜出的特点，傍晚喷药。可选用5%抑太保1 000～1 500倍液、10%除尽1 500～2 000倍液、15%安打3 000～4 000倍液、20%米螨1 500倍液等防治。若田间虫量高，应优先选用除尽、安打等对中、高龄幼虫具有较好防效的药剂。

4．甘蓝夜蛾

【田间症状识别】　甘蓝夜蛾（*Mamestra brassicae* Linnaeus）主要以幼虫为害十字花科蔬菜的叶片、菜心和叶球，也可为害瓜类、豆类、茄果类蔬菜等，其中以甘蓝、秋白菜、甜菜受害最重。初孵化的幼虫喜群集在一起于叶片背面取食，残留上表皮，4龄以后白天潜伏在叶片下、菜心、地表或根周围的土壤中，夜间出来暴食。严重时，往往能把叶肉吃光，仅剩叶脉和叶柄，再成群结队迁移为害。包心菜类常常有幼虫钻入叶球为害并留下粪便，

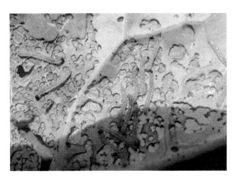 

甘蓝夜蛾为害状

污染叶球，还易引起腐烂。

【形态特征识别】 成虫：体长 10 ~ 25mm，翅展 30 ~ 50mm。体、翅灰褐色，前翅中央位于前缘附近内侧有一环状纹，灰黑色，肾状纹灰白色。外横线、内横线和亚基线黑色，沿外缘有黑点 7 个，下方有白点 2 个，前缘近端部有等距离的白点 3 个。卵：半球形，底径 0.6 ~ 0.7mm，上有放射状的三序纵棱，初产时黄白色，孵化前变紫黑色，密集排列成块状。幼虫：体色随龄期不同而异，初孵化时，体色稍黑，2 龄全体绿色，1 ~ 2 龄幼虫仅有 2 对腹足，3 龄后具腹足 4 对。老熟幼虫体长约 40mm，头部黄褐色，胸、腹部背面黑褐色，各节背面中央两侧沿亚背线内侧有黑色条纹，似倒 "八" 字形。气门线黑色，气门下线为一条白色宽带。蛹：长

成虫

卵

幼虫

蛹

约 20mm，赤褐色，腹部每节有黑色环纹。

【发生规律】 在湖南一年发生 2 ~ 3 代，以蛹在土中越冬，有明显的滞育现象。一般在气温 15 ~ 16℃时，越冬蛹羽化出土，越冬代成虫出现的时间为 3—4 月。当日平均温度在 18 ~ 25℃、相对湿度 70% ~ 80% 时最有利于发育，高温干旱或高温高湿对其发育不利，因此在湖南幼虫发生严重的时间在 4—5 月和 8—10 月。成虫产卵为块状，每块 100 ~ 200 粒，多产在生长茂密的植株叶背。成虫对糖醋味有趋性，对光没有明显趋性。幼虫共 6 龄，幼虫期 30 ~ 35 天。蛹多数分布于寄主作物本田中，或田边杂草、土埂下越冬。

【防治方法】

（1）农业防治。菜田收获后进行秋耕或冬耕深翻，铲除杂草可消灭部分越冬蛹，结合农事操作，及时摘除卵块及初龄幼虫聚集的叶片，集中处理。

（2）诱杀成虫。在成虫羽化期设置黑光灯或糖醋盆（诱液中糖、醋、酒、水比例为 10：1：1：8 或 6：3：1：10）诱杀。

（3）生物防治。在幼虫 3 龄前施用苏云金杆菌：Bt 悬浮剂、Bt 可湿性粉剂。或在卵期人工释放赤眼蜂。

（4）药剂防治。掌握在 3 龄前幼虫期进行。常用药剂和用量参照菜粉蝶和甜菜夜蛾。

5．斜纹夜蛾

【田间症状识别】 斜纹夜蛾（*Prodenia litura* Fabricius）为害十字花科、茄科蔬菜等近 300 种植物。幼虫食性杂，食量大，初孵幼虫在叶背为害，取食叶肉，仅留下表皮呈网状膜；3 龄幼虫

斜纹夜蛾为害状

后造成叶片缺刻、残缺不堪甚至全部吃光，蚕食花蕾造成缺损，容易暴发成灾。

【形态特征识别】 成虫体长 14 ～ 21mm，翅展 37 ～ 42mm，灰褐色，前翅具许多斑纹，中有一条灰白色宽阔的斜纹。卵，块状，

成虫 卵块

幼虫 蛹

上覆黄褐色绒毛。老熟幼虫体长38～51mm，体色变化大，有黑褐、暗褐、黄绿或灰绿色，每节有近似三角形的半月黑斑一对。蛹长18～20mm，长卵形，红褐至黑褐色。

【**发生规律**】 在湖南一年发生5～6代，以蛹在土中蛹室内越冬。翌年4月成虫羽化，幼虫多在7—8月大发生，发育适温为29～30℃，相对湿度75%～95%。成虫白天潜伏在叶背或土缝等阴暗处，夜间出来活动。每只雌蛾能产卵3～5块，每块有卵100～200粒，经5～6天就能孵出幼虫，初孵时聚集叶背，4龄以后和成虫一样，白天躲在叶下土表处或土缝里，傍晚后爬到植株上取食叶片。成虫有强烈的趋光性和趋化性，对糖、醋、酒味很敏感。

【**防治方法**】

（1）农业防治。清除杂草，收获后翻耕晒土或灌水，以破坏或恶化其化蛹场所，有助于减少虫源。摘除卵块和群集为害的初孵幼虫，以减少虫源。

（2）生物防治。在田间悬挂雌蛾性激素诱芯，诱杀雄成虫。

（3）物理防治。利用成虫趋光性点灯诱蛾。利用成虫趋化性配糖醋液（糖∶醋∶酒∶水=3∶4∶1∶2）加少量敌百虫诱蛾。

（4）药剂防治。应尽量在幼虫2龄未分散前防治，4龄后幼虫夜出为害，施药应在傍晚进行。常用药剂有：5%氟啶脲（抑太保）乳油1 500倍液，或用10%虫螨腈（除尽）悬浮剂1 500倍液，或用21%灭杀毙乳油6 000～8 000倍液，或用2.5%功夫、2.5%天王星乳油4 000～5 000倍液，或用5%农梦特2 000～3 000倍液，药剂交替使用，隔7～10天1次，喷施2～3次，喷匀喷足。

6．银纹夜蛾

【田间症状识别】 银纹夜蛾（*Argyrogramma agnata* Staudinger）是为害十字花科蔬菜和豆类等作物的一种主要害虫。低龄幼虫蚕食叶肉，残留表皮呈透明斑，大龄幼虫将菜叶吃成孔洞或缺刻，甚至将叶片全部吃光，并排泄粪便污染菜株。

白菜被害状　　　　　　　　　幼虫为害状

【形态特征识别】 成虫：体长 12 ~ 17mm，翅展约 32mm，体灰褐色，前翅深褐色，具 2 条银色横纹，中央有 1 个银白色三角形斑块和一个似马蹄形的银边白斑。后翅暗褐色，有金属光泽。胸部背面有两丛竖起较长的棕褐色鳞毛。幼虫：末龄幼虫体长约

成虫　　　　　　　幼虫　　　　　　　蛹

30mm，淡绿色，头部绿色，两侧有黑斑；胸足及腹足皆绿色，第一、第二对腹足退化，行走时体背拱曲。体背有纵行的白色细线6条位于背中线两侧，体侧具白色纵纹。蛹：长约18mm，初期背面褐色，腹面绿色，末期整体黑褐色，有薄茧。

【发生规律】 湖南每年发生6代，以蛹越冬。翌年4月可见成虫羽化，羽化后经4～5天进入产卵盛期，卵多散产于叶背，第2～3代产卵最多。每年春、秋季往往与菜青虫、小菜蛾同时发生，呈双峰型，但虫口数量低于前两种。成虫昼伏夜出，有趋光性和趋化性。幼虫共5龄，有假死性，受惊后会卷缩掉地，老熟幼虫在寄主叶背吐白丝作茧化蛹。

【防治方法】 参考斜纹夜蛾。

7．小猿叶虫

【田间症状识别】 小猿叶虫（*Phaedon brassicae* Baly）为害十字花科的白菜、菜心、芥菜、黄芽白、芥菜、萝卜、西洋菜等蔬菜。主要以成虫、幼虫食叶为害，致叶片呈孔洞或缺刻，严重时食叶成网状，仅留叶脉及虫粪污染，不能食用，造成叶菜减产。

叶片被害状

【形态特征识别】 成虫体长约 3.5mm，宽 2.1 ~ 2.8mm，卵圆形；背面蓝色，带绿色光泽；腹面黑色，头小，深嵌入前胸；触角向后伸展达鞘翅基部；鞘翅刻点排列规则，每翅 8 行半；后翅退化，不能飞行。末龄幼虫体长 6 ~ 7.5mm，灰黑色而带黄，体稍弯曲，体上长黑色肉瘤。

成虫

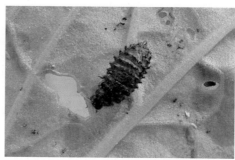

幼虫

【发生规律】 在长江流域一年发生 3 代，以成虫在植株根部或枯叶中越冬。翌年 2 月底至 3 月初成虫开始活动，3 月中旬产卵，3 月底孵化，4 月成虫和幼虫混合为害最烈，4 月下旬化蛹及羽化。5 月中旬气温渐高，成虫蛰伏越夏；8 月下旬又开始活动，9 月上旬产卵，9—11 月盛发，各虫态均有，12 月中下旬成虫越冬，越冬场所为枯叶下或根隙。成虫寿命长，平均约 2 年。卵散产于叶柄上，产前咬孔，一孔一卵，横置其中。卵期约 7 天。幼虫喜在心叶取食，昼夜活动，以晚上为甚。

【防治方法】

（1）清洁田园。结合积肥，清除杂草、残株落叶，恶化成虫越冬条件，或在田间堆放菜叶、杂草进行诱杀。

（2）人工捕杀。利用成、幼虫假死性，以盛有泥浆或药液的广口容器在叶下承接，击落集中杀灭。

（3）药剂毒杀。掌握成、幼虫盛发期喷施或淋施 25% 农梦特，或卡死克或抑太保 3 000 ～ 4 000 倍液，或用 21% 灭杀毙 3000 ～ 5 000 倍液，或用 40% 菊杀乳油 2 000 ～ 3 000 倍液，或用 50% 辛硫磷乳油，或用 90% 巴丹可湿粉 1 000 ～ 1 500 倍液，或用 50% 敌敌畏乳油，或用 90% 敌百虫结晶 1 000 倍液，每虫期施药 1 ～ 2 次，交替施用，喷匀淋足。

8. 黄曲条跳甲

【**田间症状识别**】 黄曲条跳甲（*Phyllotreta striolata* Fabricius）主要为害叶菜类蔬菜，以十字花科蔬菜为主，也可为害茄果类、瓜类、豆类蔬菜。成虫食叶，以幼苗期最重；在留种地主要为害

叶片被害状

菜苗被害状

幼虫食根

花蕾和嫩荚。幼虫只为害菜根，蛀食根皮，咬断须根，使叶片萎蔫枯死。萝卜被害呈许多黑斑，最后整个变黑腐烂；白菜受害叶片变黑死亡，并传播软腐病。

【形态特征识别】 成虫体长约 2mm，长椭圆形，黑色有光泽，鞘翅中央有一黄色纵条，两端大，中部狭而弯曲，后足腿节膨大、善跳。卵长约 0.3mm，椭圆形，初产时淡黄色，后变乳白色。老熟幼虫体长 4mm，长圆筒形，尾部稍细，头部、前胸背板淡褐色，胸腹部黄白色，各节有不显著的肉瘤。蛹长约 2mm，椭圆形，乳白色，腹末有一对叉状突起。

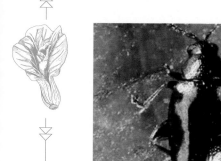

成虫

幼虫

【发生规律】 黄曲条跳甲在湖南一年发生 7 ~ 8 代，以成虫在田间、沟边的落叶、杂草及土缝中越冬，越冬期间如气温回升至 10℃以上，仍能出土在叶背取食为害。越冬成虫于 3 月中下旬开始出蛰活动，在越冬蔬菜与春菜上取食活动，随着气温升高活动加强。4 月上旬开始产卵，以后每月可发生 1 代。因成虫寿命长，致使世代重叠。春季第 1、第 2 代（5—6 月）和秋季第 5、第 6 代（9—10 月）为主害代，为害严重，春季为害重于秋季，盛夏高温季节发生为害较少。

【防治方法】

（1）清除菜地残株败叶，铲除杂草。

（2）播种前深耕晒土，消灭部分蛹。

（3）药剂防治。注意防治成虫宜在早晨和傍晚喷药。可选用下列药剂：5% 抑太保乳油 4 000 倍液，或用 5% 卡死克乳油 4 000 倍液，或用 5% 农梦特乳油 4 000 倍液，或用 40% 菊杀乳油 2 000～3 000 倍液，或用 40% 菊马乳油 2 000～3 000 倍液，或用 20% 氰戊菊酯 2 000～4 000 倍液，或用茴蒿素杀虫剂 500 倍液。也可用敌百虫或辛硫磷液灌根以防治幼虫。

二、茄果类害虫

1．茶黄螨

【田间症状识别】 茶黄螨（*Polyphago tarsonemus* Latus）为害茄子、番茄、辣（甜）椒、马铃薯、红豆、菜豆、黄瓜等多种蔬菜，近年来对蔬菜为害严重。成、若螨吸取叶片、新梢、花蕾和果实汁液为害。叶片受害后，变厚变小变硬，叶反面茶锈色，油渍状，叶缘向背面卷曲；嫩茎呈锈色，梢颈端枯死；花蕾畸形，不能开花。果实受害后，果面黄褐色粗糙，果皮龟裂。茶黄螨具趋嫩性，

茄子叶片被害状

茄果被害状

辣椒被害状

辣椒果实被害状

喜欢在植株的幼嫩部位取食，受害症状在顶部的生长点显现，中下部症状不明显。

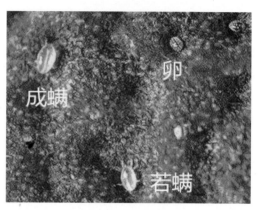

茶黄螨各虫态特征

【形态特征识别】　茶黄螨属螨类，虫子很小，成螨体长只有 0.2mm 左右，体躯阔卵形，淡黄至黄绿色，半透明有光泽，足 4 对，沿背中线有 1 白色条纹。若螨近椭圆形，半透明，棱形，足 3 对。卵长约 0.1mm，椭圆形，灰白色、半透明，卵面有 6 排纵向排列的泡状突起。

【发生规律及生活习性】　每年可发生 25 ～ 30 代，主要以雌成螨在棚室中的植株上或在土壤中越冬。棚室中全年均有发生，而露地菜则以 6—9 月受害较重。生长迅速，繁殖快，在 18 ～ 20℃下，7 ～ 10 天可发育 1 代，在 28 ～ 30℃下，4 ～ 5 天发生 1 代。生长的最适温度为 16 ～ 23℃，相对湿度为 80% ～ 90%。以两性生殖为主，也可进行孤雌生殖。单雌产卵量为百余粒，卵多散产于嫩叶背面和果实的凹陷处。成螨活动能力强，靠爬迁或自然力扩散蔓延。大雨对其有冲刷作用。

【防治方法】

（1）加强田间管理，培育壮苗，适当增加通风透光，防止徒长、疯长，有效降低田间空气相对湿度，减轻为害程度。

（2）合理密植、高畦宽窄行栽培。

（3）施用腐熟有机肥，追施氮、磷、钾速效肥，控制好浇水量，雨后加强排水、浅锄。及时整枝、合理疏密。

（4）清除田间杂草及残枝落叶，减少虫源基数。

（5）化学防治。茄果类蔬菜生长中后期就进入连续采收期，也正是茶黄螨发生高峰期，田间卷叶株率达到0.5%时就要喷药控制，喷药主要在植株上半部分的嫩叶、嫩茎、花器及幼果。可用1.8%齐螨素乳油3 000倍液，或用20%复方浏阳霉素乳油1 000倍液，或用73%克螨特乳油2 500倍液喷雾，安全间隔期7～10天。

2. 烟青虫

【田间症状识别】 烟青虫（*Heliothis assulta* Guenee）又名烟草夜蛾，是多食性害虫，寄主植物70余种，主要为害辣椒、茄子、番茄、烟草等。以幼虫蛀食花、果为害，为蛀果类害虫，也食嫩

辣椒果实被害状

133

幼虫食叶　　　　　　　　　　　　茎秆蛀孔

茎、叶和芽。为害辣椒时，整个幼虫钻入果内，啃食果皮、胎座，并在果内缀丝，排留大量粪便，使果实不能食用。

【形态特征识别】　成虫为体中型的黄褐色蛾子（体长 14 ～ 18mm，翅展 27 ～ 35mm），前翅长度短于体长，翅上肾状纹、环状纹和各条横线较清晰，前翅反面环状纹为明显的黑色。幼虫体色变化大，有绿色、灰褐色、绿褐色等多种。老熟幼虫绿褐色，长 40 ～ 50mm，体背有白色点线，各节有瘤状突起，上生黑色短毛。蛹赤褐色，长 17 ～ 20mm，体前段显得粗短，气门小而低，很少突起。

成虫正反面形状

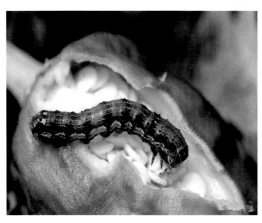

幼虫　　　　　　　　　　　　　　蛹

【发生规律及生活习性】一年发生4～5代，以蛹在土中越冬。第2年4月底开始羽化为成虫，羽化后1～3天内即可交配产卵，卵多散产于嫩梢叶正面，少数产于叶反面，也可产于花蕾、果柄、枝条、叶柄等处。初孵幼虫蛀食花蕾或嫩叶，3龄幼虫开始蛀食果实，幼虫有钻果为害的习性。发育历期：卵3～4天，幼虫11～25天，蛹10～17天，成虫5～7天。第1代幼虫一般6月上中旬发生，第2、第3代幼虫在7月中旬至8月下旬发生，第4、第5代幼虫在9—10月发生，10月中下旬化蛹入土越冬。

【防治方法】

（1）栽烟草诱集越冬代成虫产卵。因越冬代成虫对烟草有较强的趋向性，可诱集越冬代成虫产卵，以利集中消灭。

（2）冬季翻耕灭蛹，减少来年的虫口基数。

（3）人工摘除虫蛀果，以免幼虫钻果为害。

（4）抓住防治适期，及时喷药防治。可选用灭杀毙6 000倍液或2.5%功夫乳油5 000倍液或2.5%天王星乳油3 000倍液或2.5%敌杀死4 000～6 000倍液喷雾。喷药应在幼虫3龄之前进行，否则防效降低。

3. 棉铃虫

【田间症状识别】 棉铃虫（*Helicoverpa armigera* Hubner）又名棉夜蛾，以幼虫钻蛀番茄、辣椒、豆类、瓜类、甘蓝等蔬菜为害，以番茄受害重。幼虫咬食番茄、辣椒嫩梢新叶、花蕾、果实，造成叶片缺刻、落蕾、落花、落果。幼果常会被吃光或腐烂掉落，成果会被吃掉部分果实，但因蛀孔在蒂部，雨水流入或病菌侵染，也会引起腐烂、掉落。一头幼虫可为害 3 ~ 5 个果，造成番茄减产。

【形态特征识别】 成虫体长 14 ~ 20mm，翅展 36 ~ 40mm。雌蛾黄褐色，前翅赤褐色；雄蛾灰褐色，触角丝状，黄褐色；

幼虫食叶状

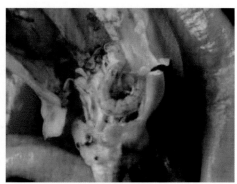

花蕾被食状

番茄果实蛀害状

果面被啃状

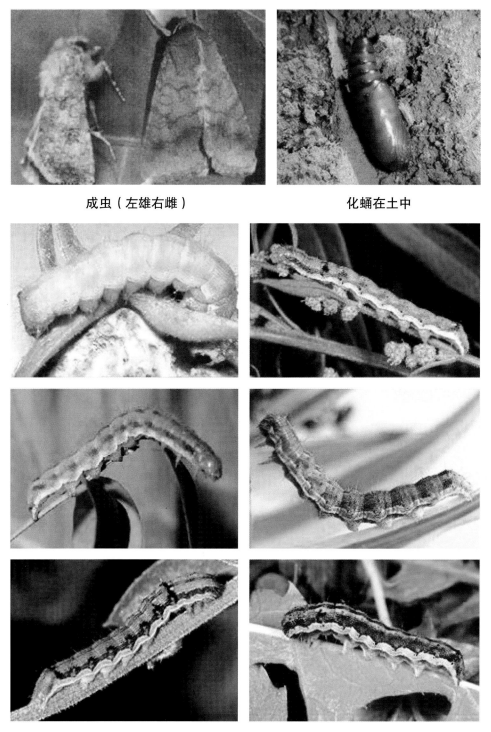

成虫（左雄右雌）　　　　　　　　化蛹在土中

棉铃虫幼虫不同体色

前翅比体长，外横线外有深灰色宽带，肾纹，环纹暗褐色。卵约0.5mm，半球形，乳白色，卵壳上有纵横网格。老熟幼虫体长 30 ～ 42mm，体色变化大，有淡绿色、绿色、淡红色、黑紫色等，体壁显得较粗厚。蛹体长 17 ～ 21mm，纺锤形，黄褐色，腹部第 5 ～ 7 节的背面和腹面密布半圆形刻点，腹末端有臀刺两根。

【发生规律及生活习性】 湖南一年发生 5 ～ 6 代，以蛹在土中越冬。翌年春季陆续羽化并产卵。第 1 代多在番茄、豌豆等作物上为害。第 2 代以后在田间有世代重叠现象。成虫白天栖息在叶背或荫蔽处，黄昏开始活动，飞翔力强，有趋光性，产卵时有强烈的趋嫩性。卵散产在寄主嫩叶、果柄等处，每雌一般产卵900 多粒。初孵幼虫取食嫩叶和小花蕾，被害部分残留表皮，形成小凹点。以后蛀食花朵、嫩枝、嫩蕾、果实，可钻株为害，每幼虫可钻蛀 3 ～ 5 个果实。4 龄以后是暴食阶段。棉铃虫发生的最适宜温度为 25 ～ 28℃，相对湿度为 70% ～ 90%。第 2 代、第 3 代为害最严重。10 月中下旬后陆续入土 5 ～ 15cm 深处化蛹越冬。

【防治方法】

（1）根据成虫有趋光性，可用黑光灯诱杀成虫。

（2）园地进行轮作，冬季进行翻耕，可杀死部分越冬蛹。

（3）化学防治。一般在番茄第 1 穗果长到鸡蛋大时开始用药，每周 1 次，连续防治 3 ～ 4 次。可用 2.5% 功夫乳油 5 000 倍液或 20% 多灭威 2 000 ～ 2 500 倍液或 4.5% 高效氯氰菊酯 3 000 ～ 3 500 倍液或 40% 菊·杀乳油 3 000 倍液（不仅杀幼虫并且具有杀卵的效果）或 5% 定虫隆（抑太保）乳油 1 500 倍液或 5% 氟虫脲（卡死克）乳油 2 000 倍液喷药防治。

4．茄黄斑螟

【田间症状识别】 茄黄斑螟（*Leucinodes orbonalis* Guenee）
又名茄螟、茄白翅野螟、茄子钻心虫。主要为害茄子、龙葵、马铃薯、
豆类等作物，是茄子的重要害虫。幼虫为害蕾、花并蛀食嫩茎、
嫩梢及果实，引起枝梢枯萎、落花、落果及果实腐烂。秋季多蛀
害茄果，一个茄子内可有 3 ～ 5 头幼虫；夏季茄果虽受害轻，但花蕾、
嫩梢受害重，可造成早期减产。

幼虫为害嫩梢

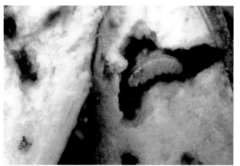

幼虫为害茄果

【形态特征识别】 成虫体长 6.5 ～ 10mm，翅展约 25mm。体、
翅均为白色，前翅具 4 个明显的黄色大斑纹，翅基部黄褐色，翅
顶角下方有一个黑色斑。后翅中室具一小黑点，并有明显的暗色
后横线，外缘有 2 个浅黄斑。栖息时翅伸展，腹部翘起，腹部两

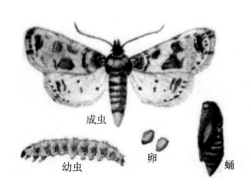

成虫

幼虫　卵　蛹

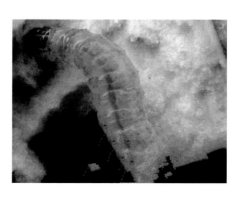

侧节间毛束直立。卵外形似水饺，卵上有 2～5 根锯齿状刺，大小长短不一，有稀疏刻点；初产时乳白色，孵化前灰黑色。老熟幼虫体长 15～18mm，多呈粉红色，低龄期黄白色；头及前胸背板黑褐色，背线褐色。蛹长 8～9mm，浅黄褐色，腹第三、第四节气孔上方有一突起。蛹茧不规则，多呈长椭圆形。

【发生规律及生活习性】 在长沙一年发生 4～5 代，以幼虫在枯枝落叶、杂草、土缝内化蛹越冬。5 月开始出现幼虫为害。成虫夜间活动，但趋光性不强，25℃下每雌可产卵 200 粒以上，散产于茄株的上、中部嫩叶背面。夏季老熟幼虫多在茄株中上部缀合叶片化蛹，夏季茄果虽受害轻，但花蕾、嫩梢受害重，可造成早期减产。属喜温性害虫，发生为害的最适宜气候条件为 20～28℃，相对湿度 80%～90%，7—9 月为害最重，尤以 8 月中下旬为害秋茄最烈。

【防治方法】

（1）及时剪除被害植株嫩梢及果实；茄子收获后，清洁菜园，处理残株败叶，以减少虫源。

（2）利用性诱剂诱杀成虫，一般剂量为 100μg；每隔 30m设一个诱捕器。

（3）幼虫孵化始盛期，可选用下列药剂进行防治：Bt、HD-1等苏云金芽孢杆菌制剂、或 2.5% 保得乳油 2 000～4 000 倍液、20% 氯氰乳油 2 000～4 000 倍液、20% 杀灭菊酯乳油 2 000～4 000 倍液、2.5% 功夫乳油 2 000～4 000 倍液和 2.5% 天王星乳油 2 000～4 000 倍液。注意交替轮换使用，严格掌握农药安全间隔期。掌握在幼虫 3 龄期前防治，施药以上午为宜，喷药时一定要均匀喷到植株的花蕾、子房、叶背、叶面和茎秆上。喷药液量以湿润有滴液为度。

5．茄二十八星瓢虫

【田间症状识别】 茄二十八星瓢虫（*Epilachna vigintioctopunctata*）又名酸浆瓢虫。为害茄子、番茄、青椒、马铃薯等茄科蔬菜及瓜类蔬菜，以茄子为主。成虫和幼虫咬食叶肉，残留上表皮呈网状，严重时全叶食尽。咬食瓜果表面，受害部位变硬，带有苦味，影响产量和质量。

茄子叶片被害状

【形态特征识别】 成虫体长约6mm，半球形，黄褐色，体表密生黄色细毛。前胸背板上有6个黑点，中间的2个常连成1个

成虫　　　　　　　　　　　**卵**

幼龄幼虫　　　　　　　　　　　　老熟幼虫

横斑；每个鞘翅上有 14 个黑斑，其中第 2 列 4 个黑斑呈一直线，这是与马铃薯瓢虫的显著区别。卵长约 1.2mm，弹头形，淡黄至褐色，卵粒排列较紧密。幼虫共 4 龄，初龄淡黄色，后变白色，末龄幼虫体长约 7mm，体表多枝刺，其基部有黑褐色环纹。蛹长 5.5mm，椭圆形，背面有黑色斑纹，尾端包着末龄幼虫的蜕皮。

【发生规律及生活习性】　在湖南每年发生 3 ~ 5 代，以成虫散居越冬，偶有群集现象。越冬代成虫产卵期长，故世代重叠。成虫具假死性，有一定趋光性，畏强光。卵多产在叶背，也有少量产在茎、嫩梢上。幼虫的扩散能力较弱，同一卵块孵出的幼虫，一般在本株及周围相连的植株上为害。幼虫共 4 龄，多数老熟幼虫在植株中、下部及叶背上化蛹。成、幼虫均有自相残杀及取食卵的习性。第 2、3、4 代为主害代，此期正值 6—8 月夏季茄科蔬菜的生长盛期。8 月底至 9 月初，茄科作物陆续收获、翻耕，幼虫和蛹死亡率较高，幼、成虫向野生寄主及豆类、秋黄瓜上转移，10 月上中旬开始，成虫又飞向越冬场所。

【防治方法】

（1）人工捕捉成虫，利用成虫假死习性，用薄膜承接并叩打植株使之坠落，收集灭之。

（2）人工摘除卵块，此虫产卵集中成群，颜色鲜艳，极易发现，易于摘除。

（3）药剂防治，要抓住幼虫分散前的有利时机，可用灭杀毙（21%增效氰·马乳油）3 000倍液、20%氰戊菊酯或2.5%溴氰菊酯3 000倍液、10%溴·马乳油1 500倍液、10%赛波凯乳油1 000倍液、50%辛硫磷乳剂1 000倍液、2.5%功夫乳油3 000倍液等喷雾。

三、瓜类害虫

1. 瓜绢螟

【田间症状识别】　瓜绢螟（*Diaphania indica*），又名瓜螟、瓜野螟，为鳞翅目昆虫。主要为害葫芦科各种瓜类及番茄、茄子等蔬菜。幼龄幼虫在瓜类的叶背取食叶肉，使叶片呈灰白斑，3龄后吐丝将叶或嫩梢缀合，匿居其中取食，使叶片穿孔或缺刻，严重时仅剩叶脉，直至蛀入果实和茎蔓为害，严重影响瓜果产量和质量。

幼虫为害状

【形态特征识别】　成虫体长11mm，头、胸黑色，腹部白色，末端有黄褐色毛丛。前、后翅白色透明，略带紫色，双翅展开连同腹部呈长菱形白斑。卵扁平，椭圆形，淡黄色，表面有网纹。

末龄幼虫体长 23 ~ 26mm，头部、前胸背板淡褐色，胸腹部草绿色，背上有两条乳白色纵带，气门黑色。蛹长约 14mm，深褐色，外被薄茧。

成虫

幼虫为害果实

【发生规律及生活习性】 一年发生 6 代左右，以老熟幼虫或蛹在枯叶或表土越冬，第二年 4 月底羽化，5 月幼虫为害。7—9 月发生数量多，世代重叠，为害严重。11 月后进入越冬期。成虫夜间活动，稍有趋光性，雌蛾在叶背产卵。幼虫 3 龄后卷叶取食，蛹化于卷叶或落叶中。

【防治方法】 ① 提倡采用防虫网，防治瓜绢螟兼治黄守瓜。② 清洁田园，瓜果采收后将枯藤落叶收集沤埋或烧毁，可压低下代或越冬虫口基数。③ 人工摘除卷叶，捏杀部分幼虫和蛹。④ 提倡用螟黄赤眼蜂防治瓜绢螟。此外在幼虫发生初期，及时摘除卷叶，置于天敌保护器中，使寄生蜂等天敌飞回大自然或瓜田中，但害虫留在保护器中，以集中消灭部分幼虫。⑤ 加强瓜绢螟预测预报，采用性诱剂或黑光灯预测报发生期和发生量。⑥ 提倡架设频振式或微电脑自控灭虫灯，对瓜绢螟有效。⑦ 药剂防治。掌握在幼虫 1 ~ 3 龄时，喷洒 2% 天达阿维菌素乳油 2 000 倍液、2.5% 敌杀死乳油 1 500 倍液、20% 氰戊菊酯乳油 2 000 倍液、48% 乐斯本

乳油或 48% 天达毒死蜱 1 000 倍液、5% 高效氯氰菊酯乳油 1 000
倍液等药剂。

2. 瓜蚜

【田间症状识别】 瓜蚜（*Aphis gossypii*），又叫棉蚜，为同
翅目昆虫。主要为害茄果类蔬菜，成虫和若虫在瓜叶背面和嫩梢、
嫩茎上吸食汁液。嫩叶及生长点被害后，叶片卷缩，生长停滞，
甚至全株萎蔫死亡；老叶受害时不卷缩，但提前干枯，缩短结瓜期，
造成减产。瓜蚜还会传播病毒病。

【形态特征识别】 无翅孤雌蚜体长 1.5 ~ 1.9 mm，夏季多为
黄色，春秋为墨绿色至蓝黑色。有翅孤雌蚜体长 2 mm，头、胸黑色。

瓜蚜为害症状

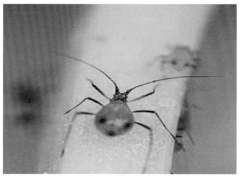

瓜蚜

【发生规律及生活习性】 每年发生 20 ～ 30 代。以卵在木槿、石榴、鼠李等枝条和夏枯草的茎部越冬，也能以成蚜和若蚜在温室、大棚中繁殖为害越冬，无滞育现象。3 月中旬，当 5 日平均气温稳定在 6℃以上，越冬卵开始孵化，4 月底产生有翅蚜迁飞到露地为害。秋末冬初产生有翅蚜迁入保护地，产生性蚜交配产卵越冬。繁殖最佳温度为 16 ～ 22℃，干旱气候适于瓜蚜发生。一般施化肥多，氮素含量高，疯长过嫩的植株蚜虫多。在露地种植中，一般离瓜蚜越冬场所和越冬寄主植物近的，以及靠近保护地的瓜田受害重，窝风地也重。与油菜田套作，4—5 月，黄色油菜花瓣可起到诱蚜作用，或瓜类的苗圃地靠近油菜地，瓜蚜迁飞早，蚜害重。

【防治方法】

（1）加强栽培管理。选择叶面多毛的抗虫品种，提早播种，及时铲除田边、沟边、塘边等处杂草，及时处理枯黄老叶及收获后的残株，清洁田园，可消灭部分蚜源。

（2）物理防治。用黄板诱杀（每亩 32 ～ 34 块）成虫，或用银色膜趋避瓜蚜，覆盖或挂条均可。

（3）保护天敌，如各种蜘蛛、瓢虫、草蛉、食蚜蝇、蚜茧蜂等。

（4）保护地种植的瓜类，可选用药剂烟熏的办法，如杀蚜烟剂，每亩每次用 400 ～ 500 g，分散成 4 ～ 5 堆，用暗火点燃，冒烟后密闭 3h，也可用 22% 敌敌畏烟剂或 10% 杀瓜蚜烟剂熏蒸，每亩用 300 ～ 500g，或每亩 400g 80% 敌敌畏乳油掺适量锯末，点暗火熏杀。

（5）药剂防治。蚜虫发生盛期，可采用 10% 烯啶虫胺水剂 3 000 ～ 5 000 倍液、3% 啶虫脒乳油 2 000 ～ 3 000 倍液、10% 氟啶虫酰胺水分散粒剂 3 000 ～ 4 000 倍液、10% 吡虫啉可湿性粉剂

1 500 ～ 2 000 倍液、25%噻虫嗪可湿性粉剂 2 000 ～ 3 000 倍液、10%氯噻啉可湿性粉剂 2 000 倍液、5%氯氰·吡虫啉乳油 2 000 ～ 3 000 倍液等杀虫剂进行防治。

3. 黄守瓜

【田间症状识别】 黄守瓜（*Aulacophora indica*），又称黄虫、黄萤，为鞘翅目昆虫。食性广泛，是瓜类作物的重要害虫。成虫喜食瓜叶、嫩茎、花和果实，成虫取食叶片常在叶片上形成

黄守瓜成虫

一个环形或半环形食痕或圆形空洞，咬食花冠成蜂窝状孔洞。幼虫在土里为害根部，低龄幼虫为害细根，3 龄后为害主根，钻食在木质部与韧皮部之间，重者使植株萎蔫而死，也蛀入瓜的贴地部分，引起腐烂，丧失食用价值。

成虫咬食瓜叶状

成虫咬食花冠状

【形态特征识别】 成虫体长 7 ～ 9 mm，长椭圆形，全体橙黄或橙红色，有时略带棕色，前胸背板长方形，鞘翅基部比前胸宽。卵长约 1mm，近球形，淡黄色，表面具六角形蜂窝状网纹。幼虫

初孵时为白色，以后头部变为棕色，老熟幼虫长约12mm，头部黄褐色，前胸背板黄色，体黄白色，臀板腹面有肉质突起。蛹长约9mm，纺锤形，黄白色。

【发生规律及生活习性】 在长沙地区一年发生2代，以成虫在避风向阳的田埂土缝、杂草落叶或树皮缝隙内越冬。越冬代成虫4月下旬至5月上旬转移到瓜田为害，7月上旬第1代成虫羽化，7月中下旬产卵，第2代成虫于10月进入越冬期。成虫喜在温暖的晴天活动，一般以10时至15时活动最烈，阴雨天很少活动或不活动。成虫受惊后即飞离逃逸或假死，耐饥力很强，取食期可绝食10天而不死亡，有趋黄习性。卵常堆产或散产在靠近寄主根部或瓜下的土壤缝隙中，喜产卵于湿润的壤土中，黏土次之。若早春气温上升早，成虫产卵期雨水多，发生为害期提前，当年为害可能就重。连片早播早出土的瓜苗较迟播晚出土的受害重。

【防治方法】 防治黄守瓜可提早瓜类播种期，以避过越冬成虫为害高峰期；成虫产卵盛期，在露水未干时，可在瓜株附近土面撒草木灰、石灰、锯木屑、谷糠等。防治幼虫掌握在瓜苗初见萎蔫时及早施药，以尽快杀死幼虫。在瓜苗移栽前后，掌握成虫盛发期，喷施48%乐斯本乳油或48%天达毒死蜱1 000倍液、90%敌百虫可湿性粉剂1 000倍液、21%灭杀毙乳油5 000倍液、40%氰戊菊酯乳油8 000倍液2～3次。瓜苗定植后到4～5片真叶前用2.5%敌杀死乳油2 000倍液、48%地蛆灵乳油1 000倍液、烟草水（烟叶500g，加水15kg浸泡24h）灌根防治幼虫。苗期受害影响较成株大，应列为重点防治时期。

4. 黑守瓜

【田间症状识别】 黑守瓜（*Aulacophora lewisii*），又称黄胫黑守瓜、黑瓜叶虫，为鞘翅目昆虫。主要为害瓜类蔬菜，成虫取食瓜叶呈环形或半环形缺刻，还能为害嫩茎、花及幼瓜，幼虫为害瓜苗根部，严重时造成全株死亡。

成虫咬食瓜叶状　　　　　　　　　成虫形态

【形态特征识别】 成虫体长 5.5 ~ 7mm，宽 3.2 ~ 4mm。全身极光亮，头部、前胸节和腹部橙黄至橙红色，鞘翅为黑色。卵，黄色，球形，表面有网状皱纹。幼虫黄褐色，腹部各节均有明显瘤突，上生刚毛。蛹，灰黄色，腹部末端左右具指状突起。

【发生规律及生活习性】 在湖南一年发生 1 ~ 2 代，以成虫在避风向阳的土缝或石缝及树皮缝中越冬。翌年 4 月上旬越冬成虫开始取食，6 月上旬至下旬第 1 代成虫产卵，6 月中旬至 7 月上旬进入幼虫发生期，7 月上旬至 7 月中旬化蛹，7 月上中旬当年成虫羽化出土，7 月下旬至 8 月上旬进入羽化盛期。成虫在春季出现后，一部分为害瓜果幼苗，一部分迁到泡桐、榆树叶背取食，到 5 月中旬才全部迁进瓜果田。成虫越冬前取食瓜果残茬上的再生芽，偶害丝瓜、白菜。该虫喜群集，成虫在 10 时至 17 时活动，露水未干不活动，阴雨天活动迟缓，有假死受惊坠地习性。

【防治方法】 参考黄守瓜。

5. 瓜实蝇

【田间症状识别】 瓜实蝇（*Bactrocera cucuribitae*），又称黄瓜实蝇、瓜小实蝇、瓜大实蝇、瓜蛆，为双翅目昆虫。主要为害苦瓜、丝瓜、黄瓜等葫芦科作物，成虫产卵管刺入幼瓜表皮内产卵，幼虫孵化后即在瓜内蛀食，受害瓜先局部变黄，而后全瓜腐烂变

幼虫在瓜内蛀食

被害瓜腐烂

被害瓜畸形

成虫

臭，造成大量落瓜，即使不腐烂，刺伤处凝结着流胶，畸形下陷，果皮硬实，瓜味苦涩，严重影响瓜的品质和产量。

【形态特征识别】 成虫体形似小型黄蜂，黄褐色至红褐色，长 7 ~ 9mm，宽 3 ~ 4mm，翅长 7mm。前胸背面两侧各有一黄色斑点，翅膜质，透明，有光泽，翅尖有 1 圆形斑。

幼虫蛆状，初孵时乳白色，老熟幼虫米黄色，长 10 ~ 12mm，前小后大，口钩黑褐色。卵细长，乳白色，长 0.8 ~ 1.3mm。蛹圆筒形，黄褐色，长 5mm。

【发生规律及生活习性】 在湖南一年发生 3 ~ 4 代，世代重叠，以蛹在土中越冬。翌年 4 月成虫羽化开始活动，第 1 代幼虫在 4—5 月主害黄瓜，第 2 代在 6—7 月为害黄瓜和苦瓜，第 3 代在 8—9 月主要为害苦瓜和丝瓜，以第 2、3 代为害较重。成虫白天活动，夏天中午高温烈日时，静伏于瓜棚或叶背，对糖、酒、醋及芳香物质有趋性。幼虫孵化后即在瓜内取食，将瓜蛀食成蜂窝状，以致腐烂、脱落。老熟幼虫在瓜落前或瓜落后弹跳落地，钻入表土层化蛹。

【防治方法】

（1）及时清洁田园，摘除及收集落地烂瓜集中处理（喷药或深埋），以减少虫源。

（2）在常发严重为害地区或名贵瓜果品种，可采用套袋护瓜办法（瓜果刚谢花、花瓣萎缩时进行）以防成虫产卵为害。

（3）用香蕉皮、菠萝皮、南瓜或甘薯等物与 90% 敌百虫晶体、香精油按 100∶（1 ~ 1.5）比例调成糊状毒饵，直接涂于瓜棚竹篱上或盛挂容器内诱杀成虫（20 个点 / 亩，25g / 点）。

（4）成虫盛发期，于中午或傍晚喷施 21% 灭杀毙乳油 4 000 ~

5 000 倍液或 2.5% 敌杀死 2 000 ~ 3 000 倍液或 50% 敌敌畏乳油 1 000 倍液,隔 3 ~ 5 天 1 次,连喷 2 ~ 3 次,喷药喷足。

四、薯芋类害虫

1．马铃薯块茎蛾

【田间症状识别】 马铃薯块茎蛾（*Phthorimaea operculella*），又称马铃薯麦蛾、烟潜叶蛾等,为鳞翅目昆虫。主要为害茄科植物,以马铃薯、茄子、烟草等受害最重,其次是辣椒、番茄等作物。幼虫潜叶蛀食叶肉,严重时嫩茎和叶芽常被害枯死,幼株甚至死亡。在田间和贮藏期间幼虫蛀食马铃薯块茎,蛀成弯曲的隧道,严重时吃空整个薯块,外表皱缩并引起腐烂。是国际和国内检疫对象。

幼虫潜叶、蛀茎

马铃薯块茎蛀害状

【形态特征识别】 成虫是一种小蛾子,体长 5 ~ 6mm,翅展 14 ~ 16mm;前翅长椭圆形,灰褐色,稍带银灰光泽,翅上有黑斑;后翅灰白色,边缘有长毛。末龄幼虫体长 11 ~ 13mm,体乳黄色,为害叶片后呈绿色,胸节微红,前胸背板及胸足黑褐色,臀板淡黄。蛹棕色,长 6 ~ 7mm,蛹茧灰白色,长约 10mm。

【发生规律及生活习性】 一年发生 6 ~ 9 代,世代重叠,以幼虫或蛹在枯叶或贮藏的块茎内越冬。田间马铃薯以 5 月及 11 月

成虫展翅状 成虫停息状

幼虫和蛹 蛹茧

受害较严重,室内贮存块茎在7—9月受害严重。成虫白天不活动,潜伏于植株叶下、地面或杂草丛内,晚间出来活动,有弱趋光性。卵产于叶脉处和茎基部,薯块上卵多产在芽眼、破皮、裂缝等处。幼虫孵化后四处爬散,吐丝下垂,随风飘落在邻近植株叶片上潜入叶内为害,在块茎上则从芽眼蛀入。

【防治方法】

(1)认真执行检疫制度,不从有虫区调进马铃薯。

(2)避免马铃薯和烟草相邻种植,可压低或减免为害。

(3)药剂处理种薯。对有虫的种薯,用溴甲烷或二硫化碳熏蒸,也可用90%晶体敌百虫或25%喹硫磷乳油1 000倍液喷洒种薯,晾干后再贮存。

（4）及时培土。在田间勿让薯块露出表土，以免被成虫产卵。

（5）药剂防治。在成虫盛发期可喷洒10%赛波凯乳油2 000倍液或0.12%天力E号可湿性粉剂1 000 ~ 1 500倍液。

2．芋单线天蛾

【田间症状识别】 芋单线天蛾（*Theretra silhetensis*），又称芋天蛾、芋黄褐天蛾，为鳞翅目昆虫，主要为害芋类作物，是芋类常见害虫之一。幼虫初孵至2龄主要在叶背为害。3龄后可将芋叶食成缺刻或穿孔，造成叶片破碎，严重时仅剩叶脉，形如"纱窗"。

【形态特征识别】 成虫是一种大型蛾子，体长28 ~ 38mm，翅展60 ~ 70mm，体黄褐或灰褐色，胸、腹背中央有一条白线；

芋叶片被害状

成虫

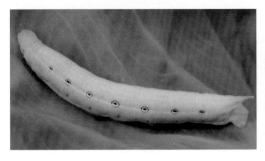

草绿色幼虫

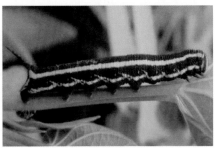

灰褐色幼虫

前翅中央有宽黑色纵带，此带上方有一小黑点，后缘有一灰白线纹；后翅基部及外缘有较宽的灰黑色带，翅反面灰黄色，有灰黑色横线及斑点，缘毛灰色。卵球形，长 1mm，淡绿色或淡黄褐色。老熟幼虫体长 60～65mm，体色有草绿色和灰褐色 2 种。草绿色幼虫，尾角淡黄色，尖端褐色，腹节有 7 个眼纹，中间 3 个较大，橄榄形，外围有黑线，中间有大黑点，点下橙黄色，气门红色。灰褐色幼虫，背上有 2 条茶褐色纵带，气门黑褐色，尾角短，红褐色，末端黑色。蛹长 36～46mm，灰褐色。

【发生规律及生活习性】 芋单线天蛾一年发生 2 代左右，以蛹在土中越冬。4 月羽化为成虫，白天静伏，夜间活动、交尾、产卵，飞翔能力较强，有趋光性，喜吸吮葫芦科植物的花蜜。全年以 7—8 月发生较多，9 月底至 10 月中旬前后越冬。成虫飞翔力强，具夜出性，对灯光和发酵物有趋性。卵散产于叶背，幼虫晴天日中前后，多栖息在叶背或叶柄背阳面，不食不动，傍晚和夜间才进食。老熟后钻入根际附近土中约 40mm 处化蛹，越冬化蛹深度可达 60mm 以上。

【防治方法】

（1）及时冬季深翻，摘除卵块及"窗纱状"的被害叶，清除杂草。

（2）在成虫发生期，用糖醋液、黑光灯诱杀成虫。

（3）药剂防治。幼虫 3 龄前为点片发生阶段，可结合田间管理，进行挑治，不必全田喷药。4 龄后夜出活动，施药应在傍晚前后进行。药剂可选用灭杀毙 4 000～5 000 倍液、20% 灭多威乳油 1 500 倍液、3.2% 甲氨阿维·氯微乳剂 2 000 倍液等，7 天 1 次，连用 2～3 次。

五、其他害虫

1. 菜蚜

【田间症状识别】 菜蚜包括甘蓝蚜（*Brevicoryne brassicae*）、桃蚜（*Myzus persicae*）和萝卜蚜（*Lipaphis erysimi*），俗称腻子、蜜虫。为害白菜、萝卜、甘蓝等十字花科和茄科等各种蔬菜。以成虫及若虫在叶背和嫩茎上吸食植物汁液，常群集为害。嫩叶及生长点被害后，叶片卷缩，节间变短、弯曲，幼叶向下畸形卷缩，使植株矮小，萎蔫，甚至枯死；老叶受害，提前枯落，缩短结瓜期；为害甘蓝时影响包心或结球；留种菜受害不能正常抽薹、开花和结籽，同时传播病毒病，造成的为害远大于蚜虫本身为害。

蚜虫为害引起嫩叶嫩茎卷缩

【形态特征识别】 虫体很小，一般只有 2mm 左右。有成虫、若虫、卵 3 个虫态，有翅蚜和无翅蚜两种类型。若虫和无翅蚜成虫体卵圆形，腹部肥大，有翅成虫有两对薄而透明的翅，成虫和若虫体末端都有 1 个锥形尾片，腹末两侧各有 1 个长圆形腹管。虫体颜色变化大，萝卜蚜有翅雌蚜头、胸部黑色，腹部黄绿色，两侧有黑斑，无翅胎生雌蚜全体橄榄绿色，略被白粉；桃蚜体色有绿色、黄绿色、褐色和赤褐色等，因寄主不同而颜色各异；甘蓝蚜黄绿色，全体覆有明显的白色蜡粉。

无翅蚜

有翅蚜

萝卜蚜

桃蚜

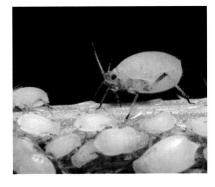

甘蓝蚜

【发生规律及生活习性】 菜蚜每年春、夏季均进行孤雌生殖，秋末冬初才产生雌雄性蚜交配，在湖南一年发生 20 ～ 30 代，世代重叠。以卵在花椒、木槿、石榴等枝条上和夏枯草基部越冬。第二年 3 月孵化，在越冬植物上繁殖几代以后，产生有翅蚜迁飞到菜地，由点片发生逐渐扩散到全田。最适繁殖温度为 16 ～ 22℃，在夏季温暖气温下，4 ～ 5 天就可完成 1 代，密度大时产生有翅蚜迁飞扩散。高温高湿和雨水冲刷，不利于菜蚜生长发育，为害程度也减轻。

【防治方法】

（1）农业防治。蔬菜收获后及时清理田间残株败叶，铲除杂草。

（2）物理防治。利用蚜虫对黄色有较强趋性的原理，在田间设置黄板诱蚜；还可利用蚜虫对银灰色有负趋性的原理，在田间悬挂或覆盖银灰膜避蚜；也可用银灰色遮阳网、防虫网覆盖栽培。

（3）药剂防治。宜尽早用药，将其控制在点片发生阶段。尽量选择兼有触杀、内吸、熏蒸三重作用的农药，如 10% 蚜虱净可湿性粉剂 2 000 ～ 2 500 倍液、2.5% 敌杀死乳油 2 000 倍液、10% 吡虫啉 3 000 ～ 4 000 倍液、15% 蓟蚜净 2 000 倍液、3% 莫比朗 3 000 倍液、19% 克蚜宝 2 000 ～ 2 500 倍液等喷雾。

2. 烟粉虱

【田间症状识别】 烟粉虱（*Bemisia tabaci* Gennadius）俗称小白蛾，为害番茄、黄瓜、辣椒等蔬菜及棉花等众多作物。以成虫、若虫刺入植物组织取食。被害叶片褪色、变黄、萎蔫，甚至死亡。此外，还分泌蜜露，诱发煤污病的产生。密度高时，叶片呈黑色，

烟粉虱为害状　　　　　　　　烟粉虱各虫态

烟粉虱成虫

烟粉虱伪蛹

严重影响光合作用和外观品质。

【形态特征识别】成虫体长0.8～0.9mm，体淡黄白色，翅2对，白色，被蜡粉无斑点。前翅脉一条不分叉，静止时左右翅合拢呈屋脊状。若虫期基本上经过3龄，椭圆形，1龄若虫有触角和足，能爬行，一旦找到合适寄主的汁液，就固定下来取食直到成虫羽化。2龄、3龄若虫足和触角退化，体缘分泌蜡质，固着为害。蛹壳略呈椭圆形，长0.6～0.9mm，淡绿色或黄色。

【发生规律及生活习性】 在温室条件下1年可发生10余代。世代严重重叠。成虫羽化多在清晨，此时蜡粉较少，不久便很快分泌蜡粉。成虫活动适温为25～30℃，当温度达到40.5℃时，成虫活动能力明显下降。对黄色、绿色有趋性。喜欢群集于黄瓜、茄子、西红柿、菜豆嫩叶上取食。成虫有两性生殖（后代均为雌虫）和孤雌生殖（后代均为雄虫）的能力。卵散产，有一小卵柄从气孔插入叶片组织内，与寄主植物保持水分平衡，极不易脱落。

【防治方法】

（1）农业防治。温室或棚室内彻底杀虫，严密把关，选用无虫苗，防止将粉虱带入保护地内。结合农事操作，随时去除植株下部衰老叶片，并带出保护地外销毁。种植粉虱不喜食的蔬菜，

如芹菜、蒜黄等较耐低温的蔬菜。

（2）物理防治。粉虱对黄色、橙黄色有强烈的趋性，可设置黄板诱杀成虫。

（3）生物防治。释放天敌丽蚜小蜂、中华草蛉、微小花蝽、东亚小花蝽等。

（4）化学防治。作物定植后，应定期检查，当虫口较高时要及时进行药剂防治。轮换使用如 1.8% 爱福丁 2 000 ~ 3 000 倍液、40% 绿菜宝 1 000 倍液、6% 绿浪（烟百素）1 000 倍液、25% 扑虱灵 1 000 ~ 1 500 倍液、2.5% 天王星 1 000 ~ 1 500 倍液、5% 锐劲特 1 500 倍液等药剂。在温室、大棚等保护地，可使用 80% 敌敌畏乳油熏蒸。

3．温室白粉虱

【**田间症状识别**】 温室白粉虱（*Trialeurodes vaporariorum* Westwood）可为害各种蔬菜及花卉等 200 余种农作物，偏嗜黄瓜、番茄、烟草、茄子和豆类等。成、若虫聚集寄主植物叶背刺吸汁液，使叶片退绿变黄，萎蔫以至枯死，并排泄蜜露污染叶片，影响光合作用，且可导致煤污病及传播多种病毒病，使蔬菜失去商品价值。

【**形态特征识别**】 成虫体长 1 ~ 1.5mm，体淡黄色，翅面覆盖白蜡粉，停息时双翅在体上合成屋脊状如蛾类，翅端半圆状遮

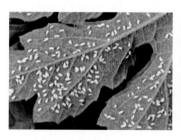  

温室白粉虱为害状　　　　　　成虫、若虫

住整个腹部，翅脉简单。若虫淡绿色或黄绿色，椭圆形，体扁平，足和触角退化，紧贴在叶片上营固着生活。

【发生规律及生活习性】 在温室条件下一年发生 10 余代，世代重叠，在自然条件下不同地区的越冬虫态不同，一般以卵或成虫在杂草上越冬。繁殖适温 18 ～ 25℃，成虫有群集性，对黄色有趋性，营有性生殖或孤雌生殖。卵多散产于叶片上。若虫期共 3 龄。各虫态的发育受温度因素的影响较大，抗寒力弱。早春由温室向外扩散，在田间点片发生。成虫有趋嫩性，种群数量由春至秋持续发展，到秋季数量达高峰，集中为害瓜类、豆类和茄果类蔬菜。

【防治方法】 参考烟粉虱防治方法。

4. 美洲斑潜蝇

【田间症状识别】 美洲斑潜蝇（*Liriomyza sativae* Blanchard ）可为害瓜类、茄果类、豆类、大白菜、油菜、棉花、烟草等 22 科 110 多种植物。以幼虫为害植物的叶片，蛀蚀叶片上下表皮之间的叶肉，

黄瓜叶片被害状

形成曲直的蛇行隧道。隧道先端常较细，随幼虫长大，后端隧道较粗。造成作物减产，同时传播病毒病，加速叶片脱落，引起果实日灼等。

【形态特征识别】 成虫是蝇类，体形较小，头部黄色，眼后眶黑色；中胸背板黑色光亮，中胸侧板大部分黄色；足黄色。卵白色，

半透明。幼虫蛆状，初孵时半透明，后为鲜橙黄色。蛹椭圆形，橙黄色，长 1.3 ~ 2.3mm。

【发生规律及生活习性】 美洲斑潜蝇每年可发生 10 ~ 12 代，

成虫

幼虫

蝇蛹

具有暴发性。以蛹在寄主植物下部的表土中越冬。一年中有 2 个高峰，分别为 6—7 月和 9—10 月。适应性强，寄主范围广，繁殖能力强，世代短，成虫具有趋光、趋绿、趋黄、趋蜜等特点。每年 4 月气温稳定在 15℃左右时，露地可出现被害状。成虫以产卵器刺伤叶片，吸食汁液。雌虫把卵产在部分伤孔表皮下，卵经 2 ~ 5 天孵化，幼虫期 4 ~ 7 天。末龄幼虫咬破叶表皮在叶外或土表下化蛹。每世代夏季 2 ~ 4 周，冬季 6 ~ 8 周。

【防治方法】

（1）加强检疫措施，一旦发现应及时封锁扑灭。

（2）农业防治。豆类与葱类间作、套种，具有吸引天敌、降低斑潜蝇为害的作用。用抗虫作物苦瓜套种感虫作物丝瓜和豆角可减轻虫害。还可挂粘虫卡，粘除成虫。定期清除有虫叶、有虫株并集中处理。

（3）药剂防治。防治应在化蛹高峰期后 9 ~ 10 天喷药，可选用 20% 速灭杀丁 1 200 倍液、18% 杀虫双 600 倍液、48% 乐斯本 1 000 倍液等喷雾防治，隔 7 天左右喷 1 次，农药交替轮换。

注意保护天敌，提倡选用生物杀虫剂。

5. 花蓟马

【田间症状识别】 花蓟马（*Frankliniella intonsa* Trybom）主要为害豆类及多种蔬菜。成虫、若虫多群集于花内取食为害，花器、花瓣受害后成白化，经日晒后变为黑褐色，为害严重的花朵萎蔫。叶受害后呈现银白色条斑，严重的枯焦萎缩。

【形态特征识别】 成虫：虫子很小，体长仅 1.4mm 左右，长

花蓟马为害黄瓜叶片

花蓟马为害辣椒叶片

花蓟马为害花

条形，黑褐色；有 2 对狭长的翅，边缘有细长的鬃毛，前翅微黄色，后翅半透明；腹部每节有白色环纹。雄虫较雌虫小，黄色。若虫

花蓟马成虫

花蓟马若虫

有 4 龄，2 龄若虫体长约 1mm，基色黄，复眼红。

【发生规律及生活习性】　在湖南一年发生 11 ～ 14 代，世代重叠严重，以成虫在枯枝落叶、土壤表层中越冬。翌年 4 月中下旬出现第一代为害，每年 6—7 月、8—9 月下旬是为害高峰期，10 月中旬后成虫数量减少。成虫较活跃，能飞能跳，怕阳光，白天多在花瓣或叶荫处为害。在温暖、干旱的气候条件下发生严重，雨季到来，虫口减少。

【防治方法】

（1）清洁菜园。由于蓟马虫小，把卵产在植物组织内，应清除菜园附近作物和杂草，以减少虫源。

（2）科学栽培管理。适时栽培，避开蓟马为害高峰期；采用营养钵育苗，薄膜覆盖，遮阳网栽培，降低虫口。

（3）适时用药。当蔬菜生长点出现 1 ～ 3 头或每株虫口达 3 ～ 5 头成虫时及时用药。可选用 1.8% 阿维菌素乳油 3 000 倍液，或 2.5% 菜喜悬浮剂 1 000 ～ 1 500 倍液或 25% 阿克泰水分散粒剂 5 000 ～ 6 000 倍液或 80% 敌敌畏 400 倍液或拟除虫菊酯类药剂 4 000 ～ 6 000 倍液喷雾。农药交替轮换使用，隔 7 ～ 10 天喷 1 次，连喷 2 次。

6．朱砂叶螨

【田间症状识别】　朱砂叶螨（*Tetranychus cinnabarinus*）又名红蜘蛛，是一种个体小、分布广、寄主多、为害大的害虫。主要为害茄、辣椒、西瓜、豆类、葱和苋菜等蔬菜。以成、若螨在叶背吸取汁液。叶片受害后，叶面初现灰白色小点，后变灰白色；豆类、瓜类叶片受害后，形成枯黄色细斑；并在叶上吐丝结薄网，严重时全叶干枯脱落，影响植物生长发育。

朱砂叶螨为害状

【形态特征识别】 成螨：雌螨体长 0.5mm 左右，雄螨 0.3mm 左右，椭圆形，足 4 对，体锈红至紫红色，在身体两侧各具一倒"山"字形黑斑。幼螨 3 对足，若螨 4 对足与成螨相似，橙黄色至橙红色。卵：球形，浅黄色，孵化前略红，产于丝网上。

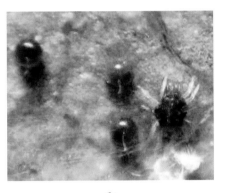

朱砂叶螨成螨 若螨　　　　　　　　卵

【发生规律及生活习性】 长江流域一年发生 15～18 代，以雌成螨在绿肥、杂草、枯枝落叶下越冬。翌春气温达 10℃以上，即开始大量繁殖，每雌产卵 50～110 粒，多产于叶背。卵期 2～13 天，幼螨和若螨发育历期 5～11 天，成螨寿命 19～29 天。可孤雌生殖，其后代多为雄性。先为害下部叶片，而后向上蔓延。种群数量在田间呈马鞍形变化，3—4 月有一个小高峰，5 月田间很难见到，

进入6月后，数量逐渐增加，7—8月是全年发生的猖獗期，也是蔬菜受害的主要时期，8月下旬后逐渐减少。

【防治方法】

（1）农业防治。清除田埂、路边和田间的杂草及枯枝落叶，耕整土地以消灭越冬虫源。合理灌溉和施肥，促进植株健壮生长，增强抗虫能力。

（2）生物防治。有条件时可保护或引进释放长毛钝绥螨、德氏钝绥螨、异绒螨、塔六点蓟马和深点食螨瓢虫等天敌。

（3）化学防治。加强田间害螨监测，在点片发生阶段注意挑治。轮换施用化学农药，尽量使用复配增效药剂或一些新型的特效药剂。效果较好的药剂有：1.8%农克螨乳油2 000倍液、20%灭扫利乳油2 000倍液、20%螨克乳油2 000倍液、10%天王星乳油6 000 ~ 8 000倍液、10%吡虫啉可湿性粉剂1 500倍液、15%哒螨灵（扫螨净、牵牛星）乳油2 500倍液、20%复方浏阳霉素乳油1 000 ~ 1 500倍液等。

7. 豆荚螟

【田间症状识别】 豆荚螟（*Maruca testulalis* Geyer）为害大豆、豇豆、菜豆、扁豆、豌豆、绿豆等。以幼虫在豆荚内蛀食豆粒，被害籽粒轻则蛀成缺刻，重则蛀空，几乎不能作种子；被害籽粒还充满虫粪，变褐以致霉烂。幼虫孵化后在豆荚上结一白色薄丝茧，从茧下蛀入荚内取食豆粒，造成瘪荚、空荚，也可为害叶柄、花蕾和嫩茎。

【形态特征识别】 成虫：体长10 ~ 12mm，翅展20 ~ 24mm。头部、胸部黄褐色。前翅黄褐，在中室部有1个白色透明带状斑，

豆荚被蛀害状

在室内及中室下面各有 1 个白色透明的小斑纹。后翅近外缘有 1/3 面积色泽同前翅，其余部分为白色半透明，有若干波纹斑。幼虫：共 5 龄，初为黄色至黄绿色，后转绿色，老熟幼虫体长 14 ~ 18mm，紫红色，前胸背板近前缘中央有"人"字形黑斑，胸腹部体背两侧各有黑斑 1 列。蛹：长 9 ~ 10mm，黄褐色，臀刺 6 根。

成虫   幼虫

【发生规律及生活习性】 豆荚螟在湖南每年发生 5 ~ 6 代，以老熟幼虫在寄主植物附近土表下 5 ~ 6cm 深处结茧越冬。翌春，越冬代成虫在豌豆、绿豆或冬种豆科绿肥作物上产卵发育为害，一般以第 2 代幼虫为害春大豆最重。5 月下旬到 6 月上旬气温的

高低，决定第一代幼虫发生为害的迟早和轻重，气温高，则发生早，反之发生就迟。播种早的花蕾受害重。成虫昼伏夜出，趋光性弱，飞翔力也不强。每头雌蛾可产卵 80～90 粒，卵主要产在豆荚上。初孵幼虫先在荚面爬行 1～3h，再在荚面结一白茧（丝囊）躲在其中，咬穿荚面蛀入荚内，幼虫进荚内后，即蛀入豆粒内为害。2～3 龄幼虫有钻荚为害习性，老熟幼虫离荚入土，结茧化蛹。

【防治方法】

（1）合理轮作，避免豆科植物连作，可采用大豆与水稻等轮作，或玉米与大豆间作的方式，减轻豆荚螟的为害。

（2）灌溉灭虫，在水源方便的地区，可在秋、冬灌水数次，提高越冬幼虫的死亡率。

（3）豆科绿肥在结荚前翻耕沤肥，种子绿肥及时收割，尽早运出本田，减少本田越冬幼虫的量。

（4）药剂防治。地面施药毒杀入土幼虫，以粉剂为佳，主要有：2% 杀螟松粉剂、1.5% 甲基 1605 粉剂、2% 倍硫磷粉等，每亩施药 1.5～2kg。

六、地下害虫

1. 小地老虎

【田间症状识别】 小地老虎（*Agrotis ypsilon*）又名土蚕，切根虫。是蔬菜和多种作物的地下害虫，幼虫咬食蔬菜幼苗、根系。1～2 龄幼虫常群集于幼苗顶心嫩叶处，昼夜取食。幼虫 3 龄后分散，白天潜伏于表土的干湿层之间，夜晚出土从地面将幼苗植株咬断拖入土穴或咬食未出土的种子。5 龄、6 龄幼虫食量大增，每条幼虫一夜能咬断菜苗 4～5 株，多的达 10 株以上。

小地老虎为害状

【形态特征识别】 成虫：体长 17 ~ 23mm、翅展 40 ~ 54mm，暗褐色，雌蛾触角丝状，雄蛾触角双栉齿状。静止时四翅折叠，前翅长三角形，上有暗灰色或黑褐色的波状纹和斑纹，有明显的黑色环状纹、肾状纹、楔状纹各 1 个。幼虫：圆筒形，老熟幼虫体长 37 ~ 50mm、宽 5 ~ 6mm，体灰褐至暗褐色，体表粗糙、密布大小不一而彼此分离的颗粒。蛹：体长 18 ~ 24mm、宽 6 ~ 7.5mm，赤褐有光。腹部第 4 至第 7 节背面前缘中央深褐色，且有粗大的刻点，腹末端具短臀棘 1 对。

小地老虎成虫　　　　　幼虫　　　　　蛹

【发生规律及生活习性】 小地老虎在湖南一年发生 4 ~ 5 代，以老熟幼虫或蛹在土内越冬。具有远距离南北迁飞习性，春季由低纬度向高纬度，由低海拔向高海拔迁飞，秋季则沿着相反方向

飞回南方。早春3月上旬成虫开始出现，一般在3月中下旬和4月上中旬会出现两个发蛾盛期。成虫白天不活动，傍晚至前半夜活动最盛；有强烈的趋化性，喜欢酸、甜、酒味食物；有趋光性，对黑光灯极为敏感。卵散产于低矮叶密的杂草、幼苗上或枯叶、土缝中，每雌产卵800～1 000粒。幼虫行动敏捷、有假死习性、对光线极为敏感、受惊扰即倦缩成团。

【防治方法】

（1）诱杀成虫。用糖、醋、酒诱杀液或甘薯、胡萝卜等发酵液诱杀成虫。

（2）诱捕幼虫。用泡桐叶或莴苣叶诱捕幼虫，于每日清晨到田间捕捉；对高龄幼虫也可在清晨到田间检查，如发现有断苗，拨开附近的土块，进行捕杀。

（3）化学防治。对不同龄期幼虫，应采用不同的施药方法。幼虫3龄前用喷雾，喷粉或撒毒土进行防治；3龄后，田间出现断苗，可用毒饵或毒草诱杀。喷雾：每公顷可用50%辛硫磷乳油750ml，或2.5%溴氰菊酯乳油或40%氯氰菊酯乳油300～450ml、90%晶体敌百虫750g，对水750L喷雾。毒土或毒砂：可选用2.5%溴氰菊酯乳油90～100ml，或50%辛硫磷乳油加水适量，喷拌细土50kg配成毒土，每公顷300～375kg顺垄撒施于幼苗根标附近。

2. 蛴螬

【田间症状识别】蛴螬是金龟甲的幼虫，别名白土蚕、核桃虫，成虫通称为金龟甲或金龟子。为害多种植物和蔬菜。蛴螬喜食刚播种的种子、咬食幼苗嫩茎、植物根系、薯芋类块根，常造成幼

蛴螬

苗枯死、田间缺苗断垄。成虫取食植物叶片成缺刻孔洞。

　　【形态特征识别】 蛴螬种类多，一般体肥大，体型弯曲呈 C
形，多为白色，少数为黄白色。头部褐色，上颚显著，腹部肿胀。
体壁较柔软多皱，体表疏生细毛。成虫体中型至大型，触角鳃叶状，
前足为开掘足，翅鞘不完全覆盖腹部，末节背板常外露。颜色不
一，有的鲜艳光亮有金属光泽，常白天出来活动；有的色暗单调，
常晚上出来活动取食。

幼虫（蛴螬）

　　【发生规律及生活习性】 蛴螬年发生代数少，一般 1～2 年
发生 1 代，以幼虫或成虫在土中越冬。蛴螬始终在地下活动，与

成虫（金龟甲）

土壤温湿度关系密切。土壤潮湿活动加强，尤其是连续阴雨天气，春、秋季在表土层活动，夏季时多在清晨和夜间到表土层。蛴螬有假死和负趋光性，并对未腐熟的粪肥有趋性。成虫白天藏在土中，20—21 时进行取食、交配，有的成虫白天取食活动。

【防治方法】

（1）农业措施。施用的农家肥应充分腐熟，以免将幼虫和卵带入菜田。施用碳酸氢铵、腐殖酸铵、氨水、氨化磷酸钙等化肥，所散发的氨气对蛴螬等地下害虫具有驱避作用。适时秋耕，可将部分成、幼虫翻至地表，使其风干、冻死或被天敌捕食、机械杀伤。

（2）人工捕杀。定植后发现菜苗被害可挖出土中的幼虫。利用成虫的假死性，在其停落的作物上捕捉或振落捕杀。

（3）药剂防治。在蛴螬发生较重的地块，用 80% 敌百虫可溶性粉剂和 25% 西维因可湿性粉剂各 800 倍液混匀灌根，每株灌 150 ~ 250g，可杀死根际附近的幼虫。

3. 非洲蝼蛄

【田间症状识别】 非洲蝼蛄（*Gryllotalpa africana* Palisot de Beauvois）俗名土狗子，食性很广，成虫、若虫均在土中活动，取食播下的种子、幼芽或将幼苗咬断致死，受害的根部呈乱麻状。由于蝼蛄的活动将表土层窜成许多隧道，使苗根脱离土壤，致使菜苗因失水而枯死，严重时造成缺苗断垄。

非洲蝼蛄

【**形态特征识别**】　成虫体长 30 ~ 35mm，灰褐色，头圆锥形，触角丝状。前胸背板卵圆形，中间具明显的暗红色长心脏形凹陷斑。前翅灰褐色，较短，仅达腹部中部，后翅扇形，较长，超过腹部末端。腹末具 1 对尾须。前足为开掘足。

【**发生规律及生活习性**】　在湖南每年发生 1 代，以成虫或若虫在土下越冬。每年 3 月中旬，土表温度达 10℃以上时，越冬若虫、成虫上升到表层土中，偶尔钻出地面活动。4 月上旬温度达 15℃以上时，开始大量出土活动。从 4 月上旬至 6 月中旬，活动频繁，大量为害幼苗。6 月下旬至 8 月下旬，外界温度较高，大多数在洞穴中越夏和产卵繁殖，为害较轻。10 月下旬以后，气温降低，潜入地下 40cm 以下的土层越冬，直至次年的 3 月。蝼蛄昼伏夜出，具有强烈的趋光性，对香、甜物质气味有趋性。

【**防治方法**】

（1）施用充分腐熟的有机肥。

（2）利用灯光诱杀。

（3）播种时施用毒谷，参考蛴螬防治法。

（4）施用毒饵。一般把煮至半熟的谷子、棉籽及炒香的豆饼、麦麸等饵料，每亩用饵料 4 ~ 5kg，加入 90% 敌百虫的 30 倍水溶液 150ml 左右，再加入适量的水拌匀成毒饵，于傍晚撒于苗圃地面，施毒饵前先灌水，保持地面湿润，效果尤好。

（5）在菜地挖沟施用未腐熟的畜禽粪并盖草，集中诱杀。

（6）蔬菜育苗基地受害严重时，可用 50% 辛硫磷乳油或 80% 敌敌畏乳油 800 ~ 1 000 倍液灌根、灌洞毒杀。

4．种蝇

【田间症状识别】种蝇（*Delia platura* Meigen）又名菜蛆、根蛆、地蛆，以幼虫在土中为害播下的蔬菜（瓜类、豆类、十字花科蔬菜、菠菜、葱蒜等）种子，取食胚乳或子叶，引起种芽畸形、腐烂而不能出苗；钻食蔬菜根部，引起根茎腐烂或全株枯死。

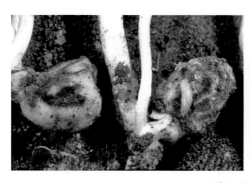

种蝇为害状

【形态特征识别】 成虫体长 4 ~ 6mm，暗黄或暗褐色，胸部背面具黑纵纹 3 条，腹部背面中央具黑纵纹 1 条，各腹节间有 1 黑色横纹。幼虫蛆形，体长 7 ~ 8mm，乳白而稍带浅黄色；尾节具肉质突起 7 对。蛹长 4 ~ 5mm，红褐或黄褐色，椭圆形，腹末

种蝇幼虫　　　　　　　　种蝇成虫　　　　　　　　幼虫和蛹

有 7 对突起。

【发生规律及生活习性】　一年发生 2 ~ 5 代，以蛹在蔬菜根际周围 5 ~ 10 cm 深的土层中越冬。4 月初成虫开始羽化并交尾产卵，4 月中旬出现幼虫，4 月下旬至 5 月初为第 1 代幼虫为害期，6—8 月为第 2 代、第 3 代幼虫发生期，此时正值夏季高温时段，主要为害葱、韭菜等蔬菜，为害较轻，9—10 月为第 4 代幼虫发生期，在秋季为害百合科蔬菜和十字花科蔬菜，造成严重损失。种蝇喜白天活动，幼虫多在表土下或幼茎内活动。

【防治方法】

（1）施用充分腐熟的有机肥，防止成虫产卵。

（2）成虫产卵高峰及地蛆孵化盛期及时防治。地面喷粉用 5% 杀虫畏粉或 21% 灭杀毙乳油 2 000 倍液、2.5% 溴氰菊酯 3 000 倍液、40% 辛·甲·高氯乳油 2 000 倍液、20% 蛆虫净乳油 2 000 倍液，隔 7 天 1 次，连续防治 2 ~ 3 次。当地蛆已钻入幼苗根部时，可用 50% 辛硫磷乳油或 48% 乐斯本乳油 500 倍液或 25% 爱卡士乳油 1 200 倍液灌根。

（3）药剂处理土壤或种子。拌种用 50% 辛硫磷，其用量一般为药剂∶水∶种子为 1∶（30 ~ 40）∶（400 ~ 500）。

禁用和推荐农药

1. 禁止生产销售和使用的农药名单（33种）

六六六，滴滴涕，毒杀芬，二溴氯丙烷，杀虫脒，二溴乙烷，除草醚，艾氏剂，狄氏剂，汞制剂，砷、铅类，敌枯双，氟乙酰胺，甘氟，毒鼠强，氟乙酸钠，毒鼠硅，甲胺磷，甲基对硫磷，对硫磷，久效磷，磷胺，苯线磷，地虫硫磷，甲基硫环磷，磷化钙，磷化镁，磷化锌，硫线磷，蝇毒磷，治螟磷，特丁硫磷。

2. 在蔬菜、果树、茶叶、中草药材上不得使用和限制使用的农药（17种）

禁止甲拌磷，甲基异柳磷，内吸磷，克百威，涕灭威，灭线磷，硫环磷，氯唑磷在蔬菜、果树、茶叶和中草药材上使用；禁止氧乐果在甘蓝和柑橘树上使用；禁止三氯杀螨醇和氰戊菊酯在茶树上使用；禁止丁酰肼（比久）在花生上使用；禁止水胺硫磷在柑橘树上使用；禁止灭多威在柑橘树、苹果树、茶树和十字花科蔬菜上使用；禁止硫丹在苹果树和茶树上使用；禁止溴甲烷在草莓和黄瓜上使用；除卫生用、玉米等部分旱田种子包衣剂外，禁止氟虫腈在其他方面使用。按照《农药管理条例》规定，任何农药产品都不得超出农药等级批准的使用范围使用。

3.农业部推荐使用的高效低毒农药品种

随着国家对高毒农药管理力度的不断加大，为让相关生产企业能在转产后更能适应市场需求，并更好指导农民对农药使用的有效性，日前国家农业部农药主管部门推荐了一批在果树、蔬菜、茶叶上使用的高效、低毒农药品种（附名单），这些品种涵盖农业生产中防治病虫害整体性有杀虫、杀螨、杀菌三个类别，以高效、低毒、环保为选择方向。在向广大农民推荐使用农药品种的同时，也出台许多相关措施缓解农药企业生存压力。

国家将通过有关政策，如设立专项资金用于高毒农药替代品种的开发、增加高毒品种的税收、减免替代品种的税收等措施，这些措施通过多个管理部门的协调配合实施，高毒农药替代品种将逐渐扩大市场占有份额，也保证逐步削减高毒农药品种，不会对我国农业生产带来大的负面影响。

削减和淘汰高毒农药，对农药生产企业来说，是一个重大挑战，许多生产企业面临着停产和转产，但同时也给我国农药工业带来新的机遇，因为如果企业能够尽早进行结构调整，将在市场上占有一定先机，在农药市场重新洗牌的过程中可能脱颖而出。

杀虫、杀螨剂

（1）生物制剂和天然物质：苏云金杆菌、甜菜夜蛾核多角体病毒、银纹夜蛾核多角体病毒、小菜蛾颗粒体病毒、茶尺蠖核多角体病毒、棉铃虫核多角体病毒、苦参碱、印楝素、烟碱、鱼藤酮、苦皮藤素、阿维菌素、多杀霉素、浏阳霉素、白僵菌、除虫菊素、硫磺悬浮剂。

（2）合成制剂：溴氰菊酯、氟氯氰菊酯、氯氟氰菊酯、氯氰菊酯、联苯菊酯、氰戊菊酯、甲氰菊酯、氟丙菊酯、硫双威、丁硫克百威、抗蚜威、异丙威、速灭威、辛硫磷、毒死蜱、敌百虫、敌敌畏、马拉硫磷、乙酰甲胺磷、乐果、三唑磷、杀螟硫磷、倍硫磷、丙溴磷、二嗪磷、亚胺硫磷、灭幼脲、氟啶脲、氟铃脲、氟虫脲、除虫脲、噻嗪酮、抑食肼、虫酰肼、哒螨灵、四螨嗪、唑螨酯、三唑锡、炔螨特、噻螨酮、苯丁锡、单甲脒、双甲脒、杀虫单、杀虫双、杀螟丹、甲胺基阿维菌素、啶虫脒、吡虫脒、灭蝇胺、氟虫腈、溴虫腈、丁醚脲(其中茶叶上不能使用氰戊菊酯、甲氰菊酯、乙酰甲胺磷、噻嗪酮、哒螨灵)。

杀菌剂

（1）无机杀菌剂：碱式硫酸铜、王铜、氢氧化铜、氧化亚铜、石硫合剂。

（2）合成杀菌剂：代森锌、代森锰锌、福美双、乙膦铝、多菌灵、甲基硫菌灵、噻菌灵、百菌清、三唑酮、三唑醇、烯唑醇、戊唑醇、己唑醇、腈菌唑、乙霉威·硫菌灵、腐霉利、异菌脲、霜霉威、烯酰吗啉·锰锌、霜脲氰·锰锌、邻烯丙基苯酚、嘧霉胺、氟吗啉、盐酸吗啉胍、恶霉灵、噻菌铜、咪鲜胺、咪鲜胺锰盐、抑霉唑、氨基寡糖素、甲霜灵·锰锌、亚胺唑、春·王铜、恶唑烷酮·锰锌、脂肪酸铜、松脂酸铜、腈嘧菌酯。

（3）生物制剂：井冈霉素、农抗120、菇类蛋白多糖、春雷霉素、多抗霉素、宁南霉素、木霉菌、农用链霉素。

农业部对 7 种农药采取进一步禁限用管理措施

附件二

农业部公告 第 2032 号

日期：2013-12-09 发布单位：农业部种植业管理司

为保障农业生产安全、农产品质量安全和生态环境安全，维护人民生命安全和健康，根据《农药管理条例》的有关规定，经全国农药登记评审委员会审议，决定对氯磺隆、胺苯磺隆、甲磺隆、福美胂、福美甲胂、毒死蜱和三唑磷等 7 种农药采取进一步禁限用管理措施。现将有关事项公告如下。

一、自 2013 年 12 月 31 日起，撤销氯磺隆（包括原药、单剂和复配制剂，下同）的农药登记证，自 2015 年 12 月 31 日起，禁止氯磺隆在国内销售和使用。

二、自 2013 年 12 月 31 日起，撤销胺苯磺隆单剂产品登记证，自 2015 年 12 月 31 日起，禁止胺苯磺隆单剂产品在国内销售和使用；自 2015 年 7 月 1 日起撤销胺苯磺隆原药和复配制剂产品登记证，自 2017 年 7 月 1 日起，禁止胺苯磺隆复配制剂产品在国内销售和使用。

三、自 2013 年 12 月 31 日起，撤销甲磺隆单剂产品登记证，自 2015 年 12 月 31 日起，禁止甲磺隆单剂产品在国内销售和使用；自 2015 年 7 月 1 日起撤销甲磺隆原药和复配制剂产品登记证，自 2017 年 7 月 1 日起，禁止甲磺隆复配制剂产品在国内销售和使用；

保留甲磺隆的出口境外使用登记，企业可在 2015 年 7 月 1 日前，申请将现有登记变更为出口境外使用登记。

四、自本公告发布之日起，停止受理福美胂和福美甲胂的农药登记申请，停止批准福美胂和福美甲胂的新增农药登记证；自 2013 年 12 月 31 日起，撤销福美胂和福美甲胂的农药登记证，自 2015 年 12 月 31 日起，禁止福美胂和福美甲胂在国内销售和使用。

五、自本公告发布之日起，停止受理毒死蜱和三唑磷在蔬菜上的登记申请，停止批准毒死蜱和三唑磷在蔬菜上的新增登记；自 2014 年 12 月 31 日起，撤销毒死蜱和三唑磷在蔬菜上的登记，自 2016 年 12 月 31 日起，禁止毒死蜱和三唑磷在蔬菜上使用。

主要参考文献

刘明月，尹含清 .2016. 长沙市常见蔬菜安全高效生产技术 [M]. 北京：中国农业科学技术出版社 .

商鸿生，王凤葵 .2015. 绿叶菜病虫害诊断与防治图谱 [M]. 北京：金盾出版社 .

谭晓燕 .2016. 蔬菜病虫害绿色防控技术 [J]. 河南农业 , 2016(11):26–27.

王久兴，王艳侠，张兆辉 .2015. 番茄病虫害诊断与防治图谱 [M]. 北京：金盾出版社 .

赵健，翁启勇，何玉仙，等 .2010. 蔬菜病虫害识别与防治 [M]. 福州：福建科学技术出版社 .

后　记

　　为进一步提高长沙市广大菜农种植蔬菜的质量和效益，掌握病虫害绿色防控的科学技术，控制农药残留超标带来的风险，湖南省农业广播电视学校长沙市分校、长沙市农业委员会蔬菜处共同组织编写了《长沙市常见蔬菜病虫害识别与防治图册》一书，供广大菜农和基层农业技术人员学习参考。

　　本书由湖南省无公害农产品专家组负责人、湖南农业大学谭济才教授和邓欣教授等相关人员组稿，蔬菜专家和实践工作者曾鸣、朱帅、郝学荣等审稿。该书收集整理了80多种蔬菜病虫害的原色图片和发生与防治的资料，分为蔬菜病害和蔬菜害虫两章。主要介绍了蔬菜病虫害发生原因、特点以及防治方法。书中图文并茂，通俗易懂，可操作性强，希望能对本地区蔬菜行业新型职业农民和农技人员有所裨益。

　　由于篇幅有限，书中尽可能介绍常见病虫害识别与防治知识，未尽之处，请多理解和包涵。成书过程受编者资料积累和水平所限，疏漏和不当之处在所难免，敬请广大读者批评指正。

编者